사색하며 들여다 본 방콕 이모저모

방콕에서 잠시 멈춤

사색하며 들여다 본 방콕 이모저모

방콕에서
잠시 멈춤

Seize a moment in Bangkok

THAILAND

글 · 사진 / 구희상

이담북스

◆ Prologue ◆

그리고 다시 방콕

그 해는 유독 일이 많았다. 연말이 되어서는 연차가 열흘이나 쌓였다. 쌓인 연차만큼 스트레스도 꽤 심했다. 방랑 DNA를 가진 나는, 이건 어디론가 떠나야만 풀리는 스트레스라는 걸 직감했다. 마침 서울의 겨울이 지긋지긋해 무더운 여름 생각이 간절했다.

매일 지도를 보며 남쪽 나라를 찾다가, 문득 세계 최고의 관광도시라는 방콕에 한 번도 가보지 않았다는 걸 깨달았다. 검색창에 방콕을 입력하자 세계 1위 관광지라는 수식어가 눈에 띄었다. 일등이 주는 위압감에 이끌려 방콕 여행을 결정했다. 거창한 준비는 없었다. 그저 일주일 일정에 맞춰 비행기와 숙소만 예약해두었다. 세계 1위 관광지라고 하니 볼거리, 놀 거리 걱정은 안 해도 되겠다며 안심했다.

그렇게 일주일 휴가로 다녀온 방콕과의 인연은 두 번째, 세 번째 방콕 행으로 이어졌다. 그중 두 번은 퇴사 후에 간 여행이었고 덕분에 한 달씩 살아볼 수 있었다. 아무리 퇴사하고 해외에서 한 달 살기가 유행했다지만, 세 번이나 다녀올 만큼 방콕이 좋은 이유가 무엇이냐고 사람들은 물었다. 사실 그때마다 순간 떠오르는 방콕의 이미지를 아무거나 말했던 것 같다. 음식이 맛있다거나, 강가에 늘어선 레스토랑과 카페가 예쁘다거나. 아무리 생각해도 내가 방콕을 좋아하는 이유는 '그냥'이다. 어떤 드라마 대사처럼 좋아하는데 이유가 어디 있겠는가. 그 이유가 사라지면 그만 좋아할 것도 아닌데.

방콕이 '그냥' 좋다는 사실을 인정하자 알랭 드 보통의 말이 떠올랐다.

"내가 너를 사랑하는 것은 너의 재치나 재능이나 아름다움 때문이 아니라, 아무런 조건 없이 네가 너이기 때문이다."

–알랭 드 보통, 『왜 나는 너를 사랑하는가』 중에서

사랑에 빠지는 건 대개 우연이 좌우한다. 우연한 시기에, 우연히 만나, 우연한 계기로 감정이 싹튼다. 이런 우연의 확률에 감탄하고 난 뒤부터는 이것이 바로 운명이라고 믿는다. 이렇게 희박한 확률은 결코 우연이 아니라 이미 정해진 운명이라고. 그런데 따지고 보면 나에게 일어나는 모든 일은 저 정도 복잡한 확률의 결과다. 확률의 수를 객관적으로 받아들이면 일상이지만 주관적으로 받아들여 의미를 부여하면 운명이 된다. 우리는 일상의 불안감 때문에 운명을 꿈꾸고 만들어낸다. 돌이켜보면 그때의 나 또한 불안했다. 사람에 상처받았고 커리어도 불안정했다. 불안한 일상으로부터 도망치듯 떠난 방콕을 나는 운명이라고 받아들이고 싶었나 보다. 아무튼 나는 방콕이 방콕이기 때문에 좋아한다.

방콕에 마지막으로 다녀온 지 벌써 일 년이 지났다. 어느덧 나도 쳇바퀴처럼 돌아가는 서울 생활에 적응해버렸다. 지금 가장 그리운 건 그때의 한 없이 자유로웠던 나다. 종일 숙소에 처박혀 있는 것도, 지칠 때까지 차오프라야강을 따라 걷는 것도, 이 카페 저 카페를 옮겨 다니며 멍을 때리는 것도 내 마음대로였다. 심지어 미래에 대한 불안감을 정면으로 마주하는 것도 내 마음이었다. 서울이었다면 그 불안을 억지로 피하려 했을지 모른다. 방콕의 날씨가 좋아서, 음식이 맛있어서, 사람들이 친절해서, 나는 내 자유의지로 그 불안마저 극복할 수 있었다. 방콕은 자유롭게 지내기 참 좋은 도시다.

방콕을 방문한 단기 여행자는 예쁜 모습만 기억하겠지만, 현실을 살아가는 교민의 시선은 다르다. 방콕에서 평생 지낼 수는 없을까 싶어 이민도 알아봤지만, 사람 사는 곳이 다 그렇듯 방콕도 사람 때문에 상처받고 다시 떠날 생각을 하는 도시였다. 그렇다보니 고작 두어 달 정도 방콕에 머무른 내가 방콕을 이야기할 자격이 있는지 모르겠지만, 가능한 여행자와 현지인, 그 중간의 시선에서 방콕을 바라보고자 노력했다.

어릴 때부터 만성 투덜이였던 나다. 글짓기 숙제를 제출하면 선생님은 그 투덜거림을 비판 정신이 뚜렷하다고 포장해주셨다. 세상사에 관심을 두기 시작하면서 투덜거림은 주류와 다른 삐딱한 관점이 되었다. 나만의 삐딱한 시각으로 방콕을 이야기하려고 했다. 단순히 사랑의 콩깍지가 씌어 좋은 것만 본 건 아니지만, 그래도 누구보다 애정 어린 시선으로 방콕을 관찰했다. 이미 방콕을 다녀온 사람도, 앞으로 방콕에 갈 사람도 이 글을 통해 조금은 다른 방콕의 모습을 느끼기 바란다.

BANGKOK

THAILAND

Contents

PART 3. 당신의 방콕은 어떤 모습인가요?

PART 1

방콕과 사랑에 빠지셨나요?

당신이 여행하는
이유는 무엇인가요?

"지독한 역마살"

추석 연휴 동안 제주도에 가서 걷고 오겠다고 하니 친구는 나에게 '지독한 역마살'이라고 메시지를 보냈다. 그렇지만 심심풀이 사주를 볼 때마다 안정적인 공무원이 될 팔자라 했으니 역마살이 있지는 않은 것 같다. 그렇게 가고 싶었던 유학도, 해외 취업도 하지 못한 걸 보면 확실히 '역마살'까지는 아니다. 다만, 여행을 간절히 바란다는 건 내가 그만큼 지쳤다는 증거다. 어떤 이유 때문이든 삶이 힘들다고 느낄 때마다 나는 가장 먼저 여행으로 일상에서의 탈출을 꿈꾼다. 한 번씩 떠나지 않으면 숨이 막힐 정도로 답답함을 느끼는 걸 보면 역마성(性) 정도는 내재해있는 것 아닐까.

나는 왜 여행을 좋아할까? 내가 여행을 떠나는 이유는 뭘까? 지금의 나를 만든 DNA의 역사를 추적해보면 이렇다. 나는 어렸을 때 이사를 참 많이 다녔다. 초등학교는 여섯 곳, 중학교는 두 군데를 다녔다. 단순히 이삿짐을 싼 횟수만 스무 번은 될 것이다. 한 해 혹은 두 해 간격으로 다른 도시로 떠나는 게 당연했다. 그래서 나에게는 고향이라고 할 만한 곳이 없다. 아니, 고향이라는 게 어떤 느낌인지도 잘 모른다. 어쩌다 한 곳에 삼 년 이상 살면 어색하고, 이 동네를 빨리 떠나야 한다는 강박까지 들 정도다.

우리 가족은 새로운 도시로 이주할 때마다 그 주변을 샅샅이 여행했다. 어렸을 때는 주말이면 엄마, 아빠와 차를 타고 어디로든 가는 게 당연한 일인 줄 알았다. 서울뿐만 아니라 전라도와 제주도에도 살아봤으니 우리에게 매해 새로운 여행지가 나타났다. 이게 여행 조기교육이 아니었을까. 여행 조기교육은 아버지의 유산이다. 젊은 시절부터 은퇴할 때까지 작은 섬마을부터 서울까지 전국 팔도를 40년간 돌아다녔다. 그렇게 우리 가족은 르망 자동차를 타고 이 도시에서 저 도시로, 이 여행지에서 저 여행지로 옮겨 다녔다. 더 거슬러 올라가면, 할아버지 때부터 시작된 역마성일지도 모른다. 철도 공무원이었던 할아버지 역시 기차를 타고 전국을 돌아다니셨다고 한다. 내 인생의 첫 기억도 할아버지인데, 어느 날 새벽 장손인 나를 보겠다고 우리 집에 오셨었다. 당대 최고의 선물인 과자 종합선물세트를 두고 다시 홀연히 떠나셨던 기억이 난다. 이 정도면 나의 역마성이라는 것은, 나라는 인물에 내재된 프로그램을 넘어, 거의 방랑 DNA가 박혀 있는 것일지 모르겠다는 생각이 든다.

첫 번째 여행의 이유, 도망

그 해는 유독 일이 많았다. 연말이 되어서는 연차가 열흘이나 쌓여있었다. 남은 연차를 모두 털어야 했던 때, 방콕에 가기로 했다. 서울의 겨울이 지긋지긋했지만, 여름을 찾아 너무 멀리까지는 가고 싶지 않았다. 게다가 물가가 저렴해서 나름대로 작은 사치도 부릴 수 있는 곳이니 더 고민할 것이 없었다. 그렇게 나는 처음으로 세계 최고의 관광도시 방콕으로 향했다.

내 첫 번째 방콕 행은 도망이 이유였다. 현실에서 도망치는 것 말이다. 지금이야 꿈을 위해 살겠다며 커리어고 뭐고 다 내팽개친 대책 없는 사람이지만, 소싯적에는 바짝 엎드려 살아온 소시민이었다. 나쁘게 말하면 쫄보. 항상 속해 있던 조직에 순응했으며 반항 한 번 하지 않았다. 이 시스템에서 낙오될까 무서웠기 때문이다. 그래서 언제나 현실에 얽매여 살았는데, 여행을 가면 그 스트레스가 풀렸다.

일단 제대로 도망가려면 혼자 가야 한다. 그리고 여행지에서의 나는 하고많은 관광객, 잠시 지나가는 나그네에 불과하니 남의 눈치 볼 필요가 전혀 없다. 일 년에 몇 번밖에 누리지 못하는 완전한 자유다. 짧은 시간 동안 온전히 내 자유를 즐기는 게 중요하니 다른 사람들은 눈에 들어오지 않았다. 굳이 여행지에서 친구를 사귈 의무감 따위도 없었고, 이런저런 투어에서 마주치는 가족, 친구, 연인 단위의 여행자들도 의식하지 않았다. 그저

타지에서 혼자 보내는 자유시간이 소중할 뿐이었다. 첫 번째 방콕 여행에서 나는 몸과 마음을 충분히 회복하고 돌아왔다. 이때의 충만한 기억 때문에 나는 현실에서 답이 없을 때면 방콕으로 도망가면 된다는 나만의 치트키 같은 것을 만들었다.

방콕의 평범한 길거리. 여행은 일상에서 도망치는 것만으로 충분하다

'도망'이라는 단어는 물리적인 이동을 내포한다. 내 방, 내 집, 내가 사는 익숙한 동네에서는 가벼운 기분전환도 어색하다. 완전히 다른 환경에 놓여야 우리는 탈출의 해방감, 그리고 자유를 비로소 느낀다. 이렇게 보면, 인간은 언제나 도망과 탈출을 꿈꾸며 사는 존재인 듯하다. 하지만 탈출해서 누리는 자유는 리스크가 있다. 말도 통하지 않는 지구 반대편의 어

느 도시에서, 전혀 다른 문화와 시스템, 아는 사람 하나 없는 환경은 사실 엄청난 위험이 도사리고 있다. 그러니 우리는 완전한 이주가 아닌 여행을 떠남으로써 다른 환경을 간접적으로 체험한다. 결국, 새로운 환경을 경험하는 건 다른 삶을 살아보고 싶다는 우리의 꿈을 실현하는 일이기도 하다. 인간이 예술을 즐기는 마음도 이와 같지 않을까. 먹고 사는 것과는 무용해 보이지만, 예술은 인간을 전혀 다른 차원의 세계로 이끌고 우리는 그 경험으로 가슴 벅참을 느끼니 말이다.

두 번째 여행의 이유, 현재를 산다는 것

벌써 두 번째 방콕인 데다 한 달 살기도 거의 끝나가고 있었다. 방콕에 너무 오래 머물러서인지 약간의 권태가 찾아왔다. 일상과 여행이 크게 다르지 않았기 때문이다. 더 정확하게는 내 일상의 모습이 여행으로 스며들었기 때문이다. 나는 지리적으로만 다른 곳에 왔을 뿐, 하는 일이나 습관은 서울에서의 그것과 별반 다르지 않았다. 친구가 많지 않은 나는 평소에도 혼자 있는 시간이 훨씬 많다. 여행지에서도 마찬가지다. 혼자 돌아다니고, 혼자 밥을 먹고, 저녁에는 혼자 영화를 보며 쉰다. 여행지에서 무엇을 사든 가장 저렴한 걸 찾는 나의 모습은 서울에서의 나와 똑같다. 이러면 멋진 관광지를 처음 본 순간에만 새로운 느낌을 받을 뿐이다. 나는 이역만리까지 여행을 떠났지만 결국 일상으로부터 도망가지는 못했다.

후아힌 힐튼 호텔에서 바라본 전경, 돈이 좋다는 걸 새삼 실감했다

새로운 여행지의 조건은 방콕에서 너무 멀지 않으면서 바다를 볼 수 있는 조용한 도시. 나는 왕실의 휴양지라는 별명으로 알려진 후아힌(Hua Hin)에 갔다. 후아힌 여행은 그동안 내가 했던 여행과는 완전히 달랐다. 가장 좋았던 건 호텔이었다. 힐튼 호텔에 묵었는데 처음으로 내 돈 내고 가본 고급 호텔이다. 짠돌이인 나는 평소라면 이런 곳에 묵을 생각조차 하지 않았을 거다. 값싼 호텔과 에어비앤비에 익숙했던 내게 고급 호텔은 완전히 새로운 곳이었다.

TIP | 후아힌 가는 방법 교통편 정보

방콕에서 후아힌까지 가는 교통편은 5가지 정도로 볼 수 있다.

1. 수완나폼 공항에서 벨트레블 버스 타기
2. 후알람퐁(hua lampong) 기차역에서 기차 타기
3. 방콕 남부(southern) 버스 터미널에서 빅버스 타기
4. 택시 타기
5. 미니밴 타기

수완나폼 공항으로 입국하자마자 후아힌으로 이동한다면 벨트레블 버스가 가장 좋다. 반면 방콕에 머물다가 이동하는 것이라면 5번 미니밴을 추천한다. 기차는 예약하기조차 힘들고 빅버스는 서비스가 부실하다. 목적지와 다른 곳에 내려줘 고생했다는 다수의 후기가 이를 증명한다. 반면 미니밴은 가격도 합리적이고 한국인 중개인과 카톡으로 연락할 수 있다. 비수기 때, 운 좋게 혼자 타는 경우는 덤. '후아힌 미니밴' 혹은 '후아힌 셔틀'로 검색하면 다양한 업체 정보들을 볼 수 있다.

자리도 꽤 넓고 깔끔한 밴이다

후아힌에서는 진정한 휴식을 취할 수 있어 좋았다. 작은 시골 마을에 와서 그런지, 책을 읽거나 다른 깊은 고민을 해야 한다는 강박도 생기지 않았다. 그래도 실패를 맛보고 이역만리까지 도망쳐왔으니, 방콕에서는 자꾸 뭔가 생각하고 내 미래에 대한 결론을 내려야 할 것만 같은 압박이 있었다. 마치 노동하는 사람처럼 열심히 사색하고 닥치는 대로 영화를 봤다. 영화 한 편 보면서도 깊은 의미를 찾거나 삶의 영감을 얻어내려고 노력할 정도였다. 그러나 후아힌에서는 그런 고민을 일절 하지 않았다. 그때 비로소 나는 일상에서 완전히 분리된 여행을 할 수 있었다.

나는 후아힌에서 현재를 산다는 것이 어떤 의미인지 깨달았다. 그때의 일들을 세세하게 다 기억하는 건 아니지만 당시의 내가 현재를 살고 있었다는 느낌만큼은 생생하게 기억한다. 조금 과장하면 당장 내일 죽어도 여한이 없을 기분이었다. 그동안 나는 일상과 여행이 구분되지 않은 여행 권태기에 있었다. 외톨이면서 짠돌이인 나는 여행지에서도 똑같은 사람이었고 아마 그런 나 자신의 익숙한 모습에 질렸던 걸지도 모른다. 하지만 완전히 다른 환경에 놓이면 비로소 내가 현재를 살고 있다는 걸 느낄 수 있다.

한낮의 후아힌 해변

노을이 지는 후아힌 해변

김영하 작가는 〈여행의 이유〉에서 정국이 불안했던 1997년도의 캄보디아 여행을 떠올린다. 당시 캄보디아는 내전이 완전히 종식되지 않은 상태였고 교통 인프라도 지금과 비교할 수 없이 열악했다. 태국에서부터 픽업트럭을 타고 고생고생하며 간 여행이 그에게는 일상으로부터의 완전한 도망이었을 것이다. 그는 모국어로부터 도망치기 위해 떠난다는 자신의 여행 이유를 확실히 알고 있었다. 나는 반대로 럭셔리한 여행으로 도망갔다. 그것은 항상 절약해야만 하는 비루한 일상에서의 탈출이고, 근심 걱정을 달고 살던 비루한 자아로부터의 탈출이었다. 그렇게 일상에서 도망가자 과거의 남루한 나, 기꺼이 짊어지려 했던 미래의 불안 따위는 사라졌다. 항상 살아간다고 인지만 하던 현재라는 시간을 제대로 경험해보니 왜 현재를 사는 것이 삶의 이유가 되는지도 알았다.

세 번째 여행의 이유, 내 여행을 공감 받고 싶다

지난 방콕 여행 때 정말 재미있게 즐겼던 자전거 투어를 다시 신청했다. 첫 번째 투어 때는 어떤 사람들과 함께 있었는지 기억이 잘 나지 않았다. 두 번째 투어에서는 친구끼리, 커플끼리 온 여행자들 사이에 나 혼자 덩그러니 있는 것을 인지했다. 다시 찾은 카오산 로드의 모습도 달랐다. 고작 일 년 만에 다시 갔으니 풍경은 똑같았지만, 유독 친구끼리, 연인끼리 모여 있는 여행자들의 모습이 눈에 띄었다. 어쩌면 이곳에 와서 처음 만난 사이일지도 모른다. 인종, 국적이 달라도 모두 친구가 되고 사랑이 시작될 수 있는 곳이 바로 여행자의 거리 카오산 로드 아닌가. 아마 이들의 대화 주제는 자신의 이번 여행, 혹은 방콕이라는 도시일 확률이 가장 높을 것이다.

다시 찾은 방콕에서 또 다른 내 여행의 이유를 발견했다. 나는 공감을 얻고 싶다. SNS에 여행 사진 올리는 걸 단순히 자랑질이라고만 생각했는데, 그보다는 다들 남들이 자신의 여행에 공감해주길 바라는 것이리라. 대학교 때 백두산에 다녀온 사진을 SNS에 올린 적이 있다. 한 친구가 "너 참 멋있다."는 댓글을 달아줬다. 무엇이든 댓글을 달아준 건 고마운 일이나, 백두산 사진을 보고서는 사진에 나오지도 않는 내 칭찬을 하는 건 대체 무슨 말인가 이해할 수 없었다. 세상에서 내가 제일 똑똑하다고 생각했던, 자만심으로 똘똘 뭉친 대학생 시절이라 무슨 얘기든 꼬아서 들었던 시기였다. 그 자만심에 가려, 나는 또 다른 내 여행의 이유를 깨달을 기회를 놓쳤었다. 그러나 다시 생각해보면 나는 백두산을 보여주고 싶었고, 알프스보다 훨씬 아름답다는 걸 알려주고 싶었고, 천지의 그 장엄한 모습을 공유하고 싶었다. 그때도 공감을 얻고 싶어 했던 것이다.

이해하다

1. 깨달아 알다. 또는 잘 알아서 받아들이다.
2. 남의 사정을 잘 헤아려 너그러이 받아들이다. = 양해하다.

공감하다

1. 남의 감정, 의견, 주장 따위에 대하여 자기도 그렇다고 느끼다.

〈출처: 국립국어원 표준국어대사전〉

요즘 타인을 이해하고 공감하는 것이 중요하다는 이야기를 많이 한다. 이해가 받아들이는 것이라면, 공감은 한 차원 더 나아가 느끼는 것이다. 새로운 여행의 이유를 깨달으니 내가 필요로 하는 사람의 기준도 생겼다. 이제 나는 여행을 함께 느껴줄 사람을 만나고 싶다. 좋으면 좋은 대로, 나쁘면 나쁜 대로 누군가 내 여행을 공감해주면 좋겠다. 나 역시 그 사람의 여행 이유를 따를 준비가 되어있다.

내 여행을 공감해주는 사람과

작은 섬으로 도망치고 싶다

탄탄한 방콕 여행을
위한 태국 역사 읽기

방콕 국립 박물관의 불상

나는 여행하기 전 그 나라의 간단한 정보와 역사를 훑고 간다. 여기서 간단한 정보란 땅은 우리나라보다 얼마나 넓은지, 인구는 많은지 적은지, 경제력은 어느 정도인지, 지도의 어디에 있고 주변에는 어떤 나라들이 있는지 등을 말한다. 아, 여러분도 그 정도는 하고 여행을 떠나리라 믿는다. 하나 더 관심 있게 보는 것은 그 나라의 역사다. 역사는 흐름이다. 역사를 알면 지금 그곳이 왜 그런 모습을 하고 있는지, 사람들이 왜 그런 행동을 하는지 모든 것이 쉽게 이해된다. 태국에 도착하기 전에 알아두면 좋을 상식을 정리해 보았다.

한국에 비춰 태국 알아보기

태국의 면적은 51.4㎢로 한반도의 2.3배다. 지도를 보면 알 수 있듯이 남북으로 길이가 1,620km에 이르는 긴 나라다. 동서로도 가장 넓은 곳은 780km에 달한다. 태국 인구는 6,900만 명(2020년 UN 기준)으로 한국보다 많다. 그런데 태국 면적이 우리나라보다 크기때문에 인구밀도는 한국이 높다. 태국의 인구밀도는 1㎢당 127명이고, 한국은 515명이다.

오늘날 태국은 저출산과 고령화가 걱정이다. 출산율은 1.53명으로 일본 1.43명보다 약간 높은 수준이다. 우리나라는 1.05명이다. 소득이 그리 높지 않은 나라임에도 저출산에 직면한 건 '미스터 콘돔'이라는 별명을 가진 상원의원 '메차이 비라바이다(Mechai Viravaidya)' 때문이다. 그는 일찍이 태국의 빈곤과 에이즈를 퇴치하고자 콘돔 보급에 힘썼다. 그 덕에 출산율은 80년대 6.6%에서 2000년대 2.2%로 급감했다. 그러나 인구 증가율이 떨어지자 경제 발전의 동력을 상실하고, 고령화로 인한 의료비 증가에 부담을 느끼고 있다.

태국은 다민족국가다. 'Thailand'라는 나라 이름에 나타나듯 타이족이 85%로 다수를 차지한다. 다음이 화교로 약 12~15%의 상당한 비율을 차지한다. 2%의 말레이 계열은 말레이시아와 접한 남부지방 사람들이다. 방콕에서도 터번을 쓴 남자, 히잡을 두른 여성을 심심치 않게 볼 수 있는데 이들이 남부 출신 무슬림이다. 대형 쇼핑몰에는 무슬림을 위한 기도실도 있다.

태국은 입헌군주제 국가다. 왕은 존재하지만 통치하지 않는다. 하지만 태국의 왕은 현실 정치에 매우 큰 영향을 미친다. 이것이 다른 입헌군주국과 비교해 태국 정치의 매우 독특한 점이다. 정부 형태는 의원내각제(내각책임제)다. 국회의원을 뽑으면 의회 다수당의 수장이 총리가 되는 것이다. 영국, 일본 등 왕이 있는 나라에서 의원내각제를 많이 채택한다.

태국의 GDP는 4,872억 달러(한국: 1조 6,190억 달러), 1인당 GDP는 7,187달러다(한국: 31,346달러). 한국과 비교해 경제 규모는 약 3배 정도 차이 난다고 보면 된다. 경제 규모와 물가가 비례하는 건 아니지만, 체감상 방콕 물가는 서울의 1/2 ~ 1/3 수준인 것 같다.

정말 많은 한국 관광객이 태국을 방문하는 만큼 인적교류도 활발하다. 2018년을 기준으로 태국을 방문한 한국인은 178만여 명이고, 한국을 방문한 태국인은 56만여 명이다. 아직 한국 관광객이 더 많지만, 최근 한국을 방문하는 태국 관광객 수가 급증하고 있다. 태국에 거주하는 한국인은 약 2만 명이다. 한국 내 태국인은 이보다 더 많은 약 19만 명인데 대부분 외국인 노동자로 일한다. 다만 국내 불법 체류자의 약 40%가 태국인이라고 하니 실거주자의 수는 더 많을 것으로 예상된다.

원래 타이민족은 지금의 태국 땅에 살지 않았다.

태국은 타이족(85%), 화교(12%), 말레이(2%) 등으로 이뤄진 다민족국가다. 아무래도 가장 높은 비율을 가진 타이족이 중심이 되는데, 이들이 세운 첫 번째 정통 왕조가 1257년에 세워진 수코타이(Sukhothai)다. 이 시기라면 몽골 제국이 서역뿐 아니라 고려까지 침공하던 때이니 본격적인 태국의 역사는 꽤 늦은 셈이다. 그럼 대체 그전까지 타이민족은 어디에 있었을까? 13세기라는 비교적 가까운 시기에 갑자기 툭 튀어나온 것일까?

타이족이 어느 지역에서 왔는지는 다양한 설이 있다. 가장 유력한 건 오늘날 중국의 원난성에 해당하는 운남지방에 타이족이 처음 살았다는 것이다. 1253년 몽골제국이 이 지역을 공격하자 타이족은 인도차이나반도 북부, 오늘날 태국 북부지역으로 이동한다. 타이족이 오기 전에도 태국 땅에는 고대부터 인류가 살았다. 하지만 이들은 국가를 형성하지 못하고 몇몇 문명으로만 남았다가 10세기부터 크메르 제국에 점령당한다. 캄보디아의 옛 왕국인 크메르 제국은 9세기에서 13세기 사이에 전성기를 맞으며 동남아시아 전역을 지배했다. 그 크메르 제국의 수도가 여행지로 유명한 앙코르와트다. 앙코르와트를 다녀온 사람, 곧 갈 사람이라면 EBS에서 제작한 특별기획 다큐멘터리 '앙코르와트'를 추천한다.

TIP | 태국 왕조 순서

수코타이(1257~1350) → 아유타야(1350~1767) → 톤부리(1767~1782)
→ 짜끄리(=라따나꼬신, 1782~현재)

타이의 시작, 수코타이 왕조

수코타이는 타이민족의 첫 번째 정통 왕조로 본격적인 태국 역사의 시작이다. 우리나라 삼국시대처럼 동시대에 파야오(Phayao), 란나(Lanna) 왕조가 있었다. 수코타이의 3대 람캄행 왕(Ramkhamhaeng, 1279~1298)은 이들과 동맹을 맺고, 몽골의 침입으로 약해진 크메르 제국을 몰아냈다. 이 람캄행 대왕은 우리나라로 치면 세종대왕급이다. 영토를 라오스와 미얀마까지 확대했고, 불교를 받아들였으며, 타이 문자도 만들었다. 또한 람캄행 대왕 비문은 태국의 중요한 역사 사료로 태국 국립박물관에 있다(단, 비문의 진위에 대한 논란이 있다). 국립박물관은 카오산 로드와 가까우니 한 번 들러보길 바란다. 람캄행 왕의 이름을 딴 람캄행 대학교도 있는데 캠퍼스가 넓고 아름다워 한 번 둘러보는 것도 좋다.

태국 국립박물관(페이스북)
www.facebook.com/nationalmuseumbangkok
홈페이지보다 페이스북에서 더 많은 소식을 만날 수 있다.

태국을 통일한 아유타야(Ayutthaya, 1350~1767) 왕조

방콕에서 당일치기 투어로 다녀오는 아유타야가 바로 이 아유타야 왕조의 수도다. 아유타야는 태국 역사상 가장 오랜 기간인 417년간 왕조를 유지했다. 경제력도 막강했는데, 중국뿐 아니라 일본, 유럽 국가들과 무역을 활발히 하는 부자나라였다.

가이드의 설명에 따르면 아유타야는 이웃 나라인 미얀마(버마)에 의해 철저히 파괴되었다. 머리가 잘린 불상들이 그 흔적이다. 당시 사람들은 불상의 머리를 자르면 불상의 힘이 사라진다고 믿었다. 미얀마군이 불상의 머리를 자른 것은 일종의 민족정기를 말살하고 치욕을 주려는 의도였다. 사라진 도시 아유타야는 200년간 정글 속에 감춰져 있다가 1969년 태국 정부와 유네스코에 의해 복원되었다.

아유타야 비극의 상징인 보리수나무 불상

아유타야 시기 타이 민족은 미얀마와 수많은 전쟁을 치렀는데 영국과 프랑스의 백년전쟁에 비유되곤 한다. 지난한 전쟁과 미얀마가 아유타야를 철저히 파괴한 일로 오늘날까지 태국과 미얀마의 국민감정은 좋지 않다. 태국에서 일하는 미얀마 노동자들이 100만에 이르는데 이들에 대한 차별이 심각한 사회적 문제다.

화교가 세운 톤부리(Thon Buri, 1767~1782) 왕조

톤부리 왕조는 15년 동안 짧게 존재했다. 아유타야 시대에 무역이 활발했고 이때 화교들의 경제력이 성장했다. 아유타야가 멸망하자 화교인 딱신(Taksin)이 차오프라야 강 서쪽의 톤부리를 수도로 새 나라를 세웠다. 태국 전 총리이자 재벌인 탁신(Thaksin)과는 이름만 비슷할 뿐 관계없다.

유명 관광지 왓 아룬(Wat Arun)이 있는 지역이 톤부리다. 왓 아룬도 딱신 왕이 왕궁의 사원으로 지었다. 톤부리 왕조는 빠르게 옛 아유타야의 영토를 수복해갔지만, 딱신 왕은 말년에 정신병이 들어 포악해졌다. 결국 그의 친구이자 오른팔이었던 짜끄리(Cakri) 장군이 딱신을 몰아내고 새 왕조를 세운다. 궁예와 왕건의 평행이론 같다는 생각은 나만 드는 걸까?

현대로 이어진 짜끄리 왕조(Cakri, 1782~현재)

라따나꼬신(Rattanakosin) 왕조로도 부른다. 태국은 왕이 존재하는 나라다. 짜끄리 장군이 톤부리 왕조를 무너뜨리고 세운 나라가 지금의 태국이다. 우리로 치면 조선이 무너지지 않고 오늘날까지 남아 있는 느낌이겠다. 짜끄리 왕조, 라따나꼬신 왕조, 혹은 방콕 왕조라고도 부른다. 이 왕조는 차오프라야강 동쪽 방콕으로 수도를 옮기는데 관광지인 왕궁과 왓 포가 있는 곳이다. 왕궁과 인접한 차오프라야강 동쪽이 서울의 종로 같은 구시가지고, 관광객들이 주로 쇼핑을 하는 시암, 스쿰빗이 강남 같은 신시가지다.

가장 유명한 왕은 라마 5세 출라롱콘 대왕(Phra chunlachomklao)이다. 재위 기간은 1853년 9월 20일~1910년 10월 23일, 즉 유럽의 제국주의 시대였다. 그는 서구식 교육을 받은 최초의 왕으로 노예제도를 폐지하는 등 근대적 개혁정책을 성공시켰다. 가장 큰 업적은 서구 열강으로부터 독립을 지켜낸 것. 태국은 제국주의 시기 독립을 지킨 몇 안 되는 아시아 국가다. 이른바 '대나무 외교'라 해서 영국과 프랑스 사이를 오가는 유

His Majesty King Chulalongkorn.

라마 5세 출라롱콘 대왕
그의 초상을 걸어놓는 집도 꽤 많다

연한 외교를 펼쳐 독립을 지킬 수 있었다.

입헌군주국 태국(Thailand)의 탄생

1932년 피분 송크람이라는 군인이 쿠데타로 '시암혁명'을 일으켰다. 최근까지도 끊이지 않고 일어나는 태국 쿠데타의 시발점이다. 이때부터 태국은 입헌군주국이 된다. 원래 나라 이름은 시암(Siam)인데, 혁명 후 1939년에 나라 이름을 지금의 태국으로 바꾼다. 방콕 시내의 시암역, 시암파라곤 쇼핑몰 등 시암이라는 이름의 지명이나 브랜드명을 지금도 방콕 곳곳에서 접할 수 있다.

시암 혁명으로 당시 왕이었던 라마 7세가 퇴위하고 망명을 떠난다. 정부는 해외 유학 중이던 라마 8세를 왕위에 앉히지만, 1946년 의문의 사고로 세상을 떠난다. 1946년 6월 9일 그의 동생이 뒤를 이어 왕위에 오르는데, 그가 라마 9세 푸미폰 아둔야뎃 왕이다. 푸미폰 국왕은 쿠데타를 중재하고 농촌개발 프로젝트를 이끄는 등 태국 현대사에서 굵직한 역할을 하며 전국민적 지지를 받았다. 2016년 10월 13일 세상을 떠났다.

푸미폰 전 국왕의 아들 마하 와치랄롱꼰(Maha Vajiralongkorn)이 라마 10세로 즉위했다. 그러나 왕자 시절부터 벌어진 그의 사생활 스캔들, 군부와의 결탁, 코로나를 피해 독일로 휴양을 떠난 일 등이 겹쳐 반정부 시위가 일어났다. 시위대는 군인 출신 쁘라윳(Prayut Chan-o-cha) 총리의 퇴진뿐 아니라, 군주제 개혁까지 외치고 있다. 사실상 전제군주제를 진정한 의미의 입헌군주제로 바꾸자는 것이다. 2021년 초인 지금까지 시위는 계속되고 있다.

여행은
언제나 옳다

동생이 유럽 배낭여행을 앞두고 있었다. 대학생이었던 나는 그보다 몇 해 먼저 유럽 여행을 다녀왔기에 이런저런 팁을 주려고 여행 계획을 물었다. 동생은 동행하는 친구가 모든 여행 계획을 다 세웠으며, 자신은 별다른 생각이 없다고 했다. 그냥 몸만 따라다니겠단다. 그래도 유럽까지 여행을 떠나는 게 자주 오는 기회도 아닌데, 어쩜 그렇게 아무 생각 없이 가겠다는 거냐고 핀잔을 주었다. 준비를 잘해야 알찬 여행을 할 수 있다고, 원래 여행 계획을 세울 때가 가장 설레고 즐거울 때라는 꼰대 같은 훈수도 두었다.

"오빠 같은 사람은 스스로 계획 짜는 게 재밌겠지만 나는 아니야. 난 그냥 데려다주는 대로 따라다니는 게 좋고 편해. 친구 아니었으면 여행 갈 생각도 안 했을 거야."

동생의 대답을 듣고, 스스로 준비하는 여행이 모든 사람에게 만병통치

약이 아닐 수 있다고 생각했다. 하나부터 열까지 스스로 계획하고 준비하는 여행을 좋아하는 나 같은 사람이 오히려 소수에 불과할지도.

그때부터 의외로 여행을 좋아하지 않는 사람, 혼자 여행을 떠나는 것을 골치 아파하는 사람들이 눈에 들어왔다. 후배 S가 그랬다. 한 번도 혼자 여행을 가보지 않았다는 S에게, 나는 틈만 나면 혼자 떠나볼 것을 권했다. 그러다 S는 어느 날 정말로 혼자 바다를 보러 강원도로 향했다. 바다를 실컷 보다가 해가 지자 너무 심심하고 외로워졌단다. 한참 고민하던 S는 그 길로 밤 열차를 타고 서울로 돌아와 버렸다. S는 여행지에서 하룻밤도 혼자 버티지 못한 자신을 자책했다. 앞으로 혼자 여행을 떠나는 일은 없을 거란다.

그동안 나는 '여행은 언제나 옳다'는 나만의 철학을 가지고 있었다. 하지만 나 역시 여행에서 무엇을 얻고 배웠는지 분명하게 말할 수 없었다. 그러니 딱히 여행을 좋아하지 않는다는 동생과 후배 S같은 사람에게 왜 여행이 옳은지, 너의 무엇을 변화시킬 수 있는지 확신을 줄 수도 없었다. 여행이 모든 사람에게 좋은 것은 아니구나, 그런데 나는 대체 왜 여행이 옳다고 생각하는 걸까, 나는 여행에서 무엇을 얻었다고 말할 수 있을까. 내가 특별히 내면적으로 더 알찬 여행을 하는 것도 아니라는 데까지 생각의 흐름이 미치자 자괴감도 들었다.

여행이라는 참 신기한 일

첫 번째 방콕 한 달 살기는 '희망'이었다. 퇴사하고 떠난 여행이지만, 이마저도 내 계획대로였다. 이미 친구들과 창업을 시작했으며, 한 달간 재충전 하고 서울로 돌아와 그 일에 전념할 생각이었다. 나는 새롭게 시작할 일을 확신했다. 내가 그토록 꿈꾸던 '진짜' 세상을 바꾸면서 사람들에게 인정도 받을 수 있는 일이라고 믿었다. 그렇게 머물렀던 방콕에서의 한 달은 내 인생 베스트 컷이라고 해도 될 만큼 찬란했다.

그로부터 1년 뒤, 나는 다시 방콕으로 떠났다. 두 번째 방콕 한 달 살기는 '절망'이었다. 호기롭게 시작한 창업에 실패한 후였다. 우리는 마지막 프로젝트에서 큰 실수를 저질렀고 그 일로 동료들과 심각하게 싸웠다. 프로젝트 실패 때문만은 아니었다. 1년 동안 묵은 감정이 그 일로 터져 나온 것이었다. 나는 무작정 방콕행 비행기 티켓을 예매해두고 현실에서 도망갈 때만 기다리고 있었다.

떠날 날만 기다리는 그 2주의 시간은 지금도 칠흑처럼 어두운 날들로 남았다. 잠을 자려고 누우면 갑자기 등골이 오싹해지면서 가슴이 턱 막혔다. 내 인생은 이렇게 망해버렸다는 생각이 머릿속을 지배했다. 당장 내일은, 다음 달은, 통장 잔고가 다 떨어지면 어떡하지 하는 걱정이 엄습했다. 자살이니, 죽음이니, 이런 무서운 단어까지는 아니다. 그냥 아침에 눈을 떴는데 이 세상이 아니라거나, 내가 탄 비행기가 추락한다거나, 갑자기 차에 치인다거나 하는 불행이 닥치길 바랐다. 그런 일이 일어난다면, 반드시 한국이 아닌 외국이어야 했다. 가족과 주변 사람들에게 내 비참한 마지막을 보여주는 건 죽는 것보다 싫었다. 살기 위해 방콕으로 도망치면서, 그 방콕에서 삶이 끝나기를 바랐다는 게 아이러니하다. 나중에야 알았지만, 그 당시 나는 불안 증세가 꽤 높았고, 약간의 우울증도 있었다. 마음이 아픈 사람들에게 여행은 절벽에서 뛰어내리는 예행 연습인가보다.

자살 시도 경험자들에 따르면, 자살을 시도하는 그 순간 곧바로 후회한다고 한다. 살겠다는 의지가 본능적으로 생기는 것이다. 여행은 참 신기한 게, 외국 땅을 밟는 순간 거짓말처럼 생의 의지가 샘솟는다. 시작은 한국인 특유의 '빨리빨리'다. 비행기에서 빨리 내리고, 빨리 입국 수속을 마치고, 빨리 짐을 찾아 공항을 빠져나가야 한다. 나는 재빨리 사람들을 제치고 더 짧은 줄에 섰다. 내 아까운 시간을 1초도 낭비하고 싶지 않다는 의지다. 심지어 짐 기다리는 시간도 아까워서 그 틈에 당장 쓸 현금을 환전한 후 그 돈으로 유심을 샀다.

여행자용 유심 카드

유심을 살 때도 절대 손해 보지 않겠다는 절실함이 작동한다. 보통 태국 현지인들은 편의점에서 유심을 구입해 데이터를 충전해서 쓴다. 이 충전을 탑업(Top-up)이라 한다. 편의점 직원에게 탑업 해달라고 할 수도 있고, 혹은 편의점이나 지하철에 있는 탑업 기계를 이용해도 된다.

외국인도 똑같은 방식으로 유심을 사고 충전할 수 있는데, 문제는 공항에서 이 유심을 팔지 않는다는 것이다. 공항에서 파는 유심은 이것과 종류가 다르다. 관광객 전용이라고 볼 수 있는데, 5일, 일주일, 한 달 등 이용 기간이 정해져 있고 데이터 사용량도 각각 다르다. 유심마다 옵션이 다양해서 단순 비교는 어렵겠으나, 공항 유심이 대략 2~3배 정도 비싸다. 그러나 당장 스마트폰을 사용하지 않으면 택시도 제대로 잡을 수 없을 테니 일단 공항에서 유심을 사야만 한다. 하지만 3일이나 5일짜리는 가성비가 좋지 않다. 나는 빠르게 머리를 굴려 일주일에 데이터 무제한 서비스를 받는 유심이 가성비가 가장 좋다고 결론 내렸다. 일주일 뒤에는 시내 편의점 유심을 탑업해서 쓰면 매우 저렴하리라는 예측도 함께였다.

넓고 쾌적한 돈 므앙 공항

택시를 잡을 때도 살아보겠다는 절실함이 드러난다. 수완나품(Suvarnabhumi) 공항(신공항)이라면 지하철을, 돈 므앙(Don Muang) 공항이라면 버스를 타고 도심으로 이동할 수도 있다. 하지만 경험상 첫날부터 큰 캐리어를 들고 대중교통을 이용하면 쉽게 피로해진다. 그래서 택시를 잡는 게 나은데, 공항의 택시 승강장에 줄을 서면 직원들이 목적지를 묻고 그 거리에 맞는 금액을 먼저 알려준다. 택시비 때문에 기사와 갈등을 겪을 일은 없는 셈이다. 다만, 방콕의 택시도 나이 든 기사들이 많아 영어가 아예 통하지 않는다. 또 가끔은 기사님들이 복잡한 골목은 길을 모르겠다며 아예 들어가질 않는다. 운이 나쁘면, 걸어서 5~10분 거리인 숙소까지 캐리어를 끌고 가야 하는 수도 있다. 나 역시 다시는 택시에 뒤통수를 맞고 싶지 않았다.

그 때문에 나는 일반 택시가 아니라 그랩(Grab) 택시를 타는 것이 훨씬 합리적인 선택이라고 판단했다. 그랩은 젊은 기사가 많아 영어가 충분히 통한다. 서비스 정신도 좋아서 아무리 복잡한 골목이라도 최선을 다해 찾아준다. 적어도 내가 겪은 그랩 기사들은 모두 그랬다. 낡은 일반 택시보다 승용차인 그랩이 더 깨끗하다는 점도 큰 장점이다.

그런데 태국에서 그랩은 공식적으로는 불법이다. 우리나라처럼 그랩 기사와 택시 기사 간의 갈등도 심하다. 그 때문에 그랩은 택시 승차장과 먼 곳에서 타야 한다. 그랩을 호출하면 기사와 문자를 주고받을 수 있는데, 먼저 공항의 몇 층, 어느 게이트에서 타야 하는지 물어보면 좋다. 그랩 앱은 태국어-영어가 자동으로 번역되니 간단한 의사소통에는 문제가 없다. 내가 공항에서부터 유심을 갈아 끼운 이유가 바로 이 그랩을 사용하기 위해서였다.

TIP | 방콕 택시 스마트하게 이용하기

그랩은 2012년부터 서비스를 시작한 동남아시아의 우버다. 말레이시아에서 창업한 이후 동남아 전역으로 활발하게 진출했다. 2018년에는 우버가 그랩에 동남아시아 사업권을 매각했다. 동남아 시장에서 그랩이 우버를 인수한 이후 태국에서는 그랩이 거의 유일한 공유택시 서비스다. 최근 인도네시아의 공유택시 업체 '고젝'이 태국에 진출했다고 하지만, 실제로는 거의 찾아보기 힘들 만큼 시장 점유율이 낮은 것 같다. 태국에서도 그랩 기사들이 일반 택시 기사들의 눈치를 많이 보는 편인데, 주로 공항이나 대형 쇼핑몰 입구처럼 일반 택시들이 줄지어 대기하고 있는 장소에서는 그랩 기사들이 승하차를 꺼린다. 그 외 일반 도로에서는 승하차가 자유로우니 크게 걱정하지 않아도 된다.

아니, 실은 비행기 표를 끊는 순간 생의 의지가 이미 살아났는지도 모른다. 나는 굳이 에어아시아를 선택해 수완나품 공항이 아닌 돈므앙 공항에 도착하는 편을 택했다. 수완나품에서 도심으로 가는 길은 더 멀 뿐만 아니라, 항상 차가 막히는 구간이다. 돈므앙이 도심과 더 가깝고 인천-방콕 노선은 에어아시아만 돈므앙 공항을 이용한다. 죽고 싶다는 사람치고는 매우 치밀한 준비다. 살아보겠다고, 손해 보지 않겠다고 온 신경을 집중했다. 나를 이렇게 만든 여행이란 참 신기한 일이다.

여행이 언제나 옳은 이유는 억지로라도 변화를 가져다주기 때문이다. 우울함과 반복되는 일상은 닭이 먼저인가, 달걀이 먼저인가와 같다. 우울하기 때문에 매일 같은 패턴으로 시간을 보내는 건지, 똑같은 일상을 살다 보니 우울해지는 건지 알 수 없다. 이 둘은 뫼비우스의 띠처럼 서로 영원히 반복되는 관계일 것이다. 내가 방콕에 가기 전 집에서 누워만 있던 게 딱 그런 시간의 연속이다. 이 우울함의 악순환을 끊어내기 위해서는 물리적인 환경 변화가 필요하다.

이주를 제외한다면, 여행은 분명 우리 삶에서 가장 큰 환경 변화이다.

특히나 과거의 여행은 상인이나 원정 가는 군인들이 목숨을 걸고 떠나는 것이었으니 더더욱 그렇다. 이에 비하면 지금의 여행은 너무나도 안전하지만, 그래도 말도 통하지 않는 다른 나라로 떠나는 것은 리스크가 매우 큰일이다. 류시화 시인은 가난했던 자신의 젊은 시절을 이야기하며, 절실함을 강조했다. 사람이 절실하면 그 어떤 고난도 이겨내는 초인적인 힘이 발휘된다고 한다. 그때의 경험이 지금의 자신을 만들었다고 시인은 고백한다. 이 말에 동의한다. 그래서 누구든 낯선 곳으로 여행을 가면 그 어떤 절실함이 생길 것이고, 그게 살고자 하는 의지로 변하리라 확신한다.

살고 싶은 도시, 방콕

종종 친구들에게 때가 되면 아프리카 빅토리아 폭포에서 죽겠노라고 농담 반으로 이야기하곤 했다. 나에게 빅토리아 폭포는 세상 아름다움의 끝이자, 죽어도 여한이 없을 환상의 장소다. 반대로 방콕은 살고 싶게 만드는 도시, 삶의 의지를 불러일으키는 도시다. 방콕에서 죽음에 대한 생각이 사라진 건 공항에서 겪은 일 때문만은 아니다. 방콕은 다양한 환경변화를 경험하기 가장 좋은 도시로 우리에게 더 많은 선택지를 주기 때문이다. 하나하나 선택해 나가는 과정에서 나도 모르게 자아가 회복된다. 도시 자체가 우울증 치료제인 것이다.

시암파라곤 쇼핑몰(위), 야속역에 위치한 터미널21 쇼핑몰(아래)

유현준 교수는 '이벤트 밀도'가 높은 거리가 사람들이 걷고 싶어 하는 거리라고 말한다. 이벤트 밀도는 백 미터를 걸으면서 마주치는 가게 입구의 숫자를 뜻한다. 코너가 많은 거리는 여러 방향으로 가게 입구를 낼 수 있어 이벤트 밀도가 높은 재미있는 거리다. 가게의 입구가 많다는 것은 결국 다양한 상점이 있거나 그밖에 다양한 모습을 거리에서 볼 수 있다는 뜻이기 때문이다. 그런 점에서 방콕이야말로 이벤트 밀도가 높은 도시라고 생각한다. 물론, 산술적으로 방콕 거리의 코너와 상점의 수가 서울보다 더 많은지는 알 수 없다. 하지만 방콕이 더 다채로운 모습을 가지고 있는 것은 확실하다. 흑백사진으로나 봤을 법한 '70년대스러운 풍경'부터 서울 못지않은 최첨단의 모습이 한 도시에 공존한다.

많은 관광객이 처음 방콕에 가면 놀라는 것이 쇼핑몰이다. 태국을 소위 '못 사는' 나라로 인식하던 사람들은 방콕의 호화로운 쇼핑몰에, 그리고 이런 쇼핑몰들이 수없이 많다는 것에 깜짝 놀란다. 나도 처음엔 큰길 건너 하나씩 있는 대형 쇼핑몰에 적잖이 놀랐다. 하지만 방콕에 머물다 보니 동네 마트 가듯 쇼핑몰을 드나들게 되어 큰 감흥이 사라졌다. 방콕의 쇼핑몰은 마트부터 상점, 레스토랑까지 모든 걸 한 번에 해결할 수 있는 곳이다. 이런 스타일의 종합 쇼핑몰 문화가 발달한 건 날씨의 영향이 크다. 먼저 더운 나라 사람들이 더운 날씨를 더 싫어한다는 걸 알아두어야 한다. 그래서 에어컨이 없는 바깥을 나돌아 다니는 것을 무척 싫어한다. 커플들의 데이트도 웬만하면 쇼핑몰에서 단번에 끝내는 게 보통이다. 두바이에서 일했던 친구에게 듣기로, 두바이 역시 더운 날씨 때문에 쇼핑몰 문화가 발달했다고 하니 모든 것을 갖춘 거대 쇼핑몰은 더운 나라들의 공통점인가 보다. 또 방콕은 대중교통도 서울만큼 발달하지 못해서 자가용을 가지고 다닐 수밖에 없다. 사람도 차도 빽빽한 방콕에서는 주차하기가 쉽지 않은데, 쇼핑몰에 가면 주차 문제도 해결된다.

멀리 왓 아룬이 보이는 거리(왼), 가까이에서 보는 왓 아룬(오)

방콕의 길은 너무 더워서 나 역시 시원한 쇼핑몰을 찾아 헤맬 때가 많았다. 그럼에도 나는 서울에서도 얼마든지 볼 수 있는 쇼핑몰보다 방콕의 민낯을 품은 구도심의 풍경이 더 좋았다. 관광객들이 주로 숙소를 잡는 아속(Asok)역 주변이 신도시고, 카오산 로드(khaosan road)가 있는 서쪽이 구도심이다. 관광객들도 관광지가 모여 있는 구도심이 익숙하겠으나, 대부분 딱 그 주변만 둘러볼 것이다. 주요 관광지인 왕궁이나 사원이 문을 닫는 저녁 시간이면 사람들이 썰물처럼 빠져나간다. 어디나 사람이 많은 방콕에서 쉽게 찾을 수 없는 평온함이다. 시원한 강바람을 쐬며 텅 빈 거리 이곳저곳을 쏘다니는 건 이 비밀스러운 정보를 아는 자만의 특권이다. 낯선 도시의 밤거리를 무작정 걷기 두렵다면, 자전거 투어를 추천한다. 가이드와 함께 자전거를 타고 왕궁, 사원, 시장 등 구도심 구석구석을 다니는 투어다. 오전, 오후, 저녁 시간이 있는데, 역시 저녁 시간이 가장 인기가 많다. 투어가 끝나고 사람들과 카오산 로드로 이동해서 한 잔 하는 게 가장 방콕을 즐기는 여행자들의 보편적인 코스인 듯하다.

야간에 보는 왓 포는 더 아름답다

나는 여행지에 있는 대학교를 꼭 방문하는 이상한 습관이 있다. 20대 내내 대학에 있었고, 교수가 되어 평생 대학교에 머물기를 꿈꾼 탓에 다른 나라 캠퍼스의 모습에 관심이 많다. 방콕에는 구도심에 대학이 많이 몰려 있다. 그래서 구도심 관광지 주변에서 교복을 입은 학생들의 모습을 많이 볼 수 있다. 알다시피 태국에서는 대학생들도 교복을 입는다. 언뜻 봐서 고등학생과 구분이 잘 안 되겠지만, 구도심에서 마주치는 교복 입은 학생은 모두 대학생이라고 봐도 된다.

카오산로드 근처에는 탐마삿 대학교(Thammasat Univ.)가 있다. 서울대인 출랄롱코른대학(Chulalongkorn Univ.) 다음가는 명문이며, 차오프라야강이 바로 보이는 캠퍼스는 작지만 아름답다. 이곳 방콕 캠퍼스에는 정치학, 법학을 비롯한 사회과학 계열 학과들이 있다. 최근 탐마삿대 학생들이 중심이 되어 반정부 시위가 벌어지고 있는데, 자칭 명예 탐마삿대 학생으로서 매우 뿌듯한 기분이 들었다. 탐마삿대의 학생 식당은 저렴하고 맛있는 것으로 유명하다. 학생들 사이에 섞여 점심을 먹는 것도 재미있는 경험이 될 것이다.

TIP | 2020년 태국의 반정부 시위

2020년 7월, 방콕에서 반정부 시위가 시작되었다. 군부 출신 쁘라윳 짠오차 현 총리와 2016년에 새로 즉위한 마하 와치랄롱꼰 국왕에 대한 불만이 결국 터져 나온 것이다. 특히 코로나로 태국의 관광산업이 큰 타격을 입은 가운데, 국왕은 독일로 코로나 피난을 떠나 호화로운 생활을 즐기고 있었던 사실이 발각된 일이 시위의 결정적인 촉발이었다.

2016년 서거한 푸미폰 전 국왕은 전 국민의 존경과 사랑을 한 몸에 받았다. 반대로 그 아들인 현 마하 와치랄롱꼰 국왕은 왕자 시절부터 복잡한 여자관계, 해외에서의 기행 등으로 구설에 올랐다. 왕실의 적자로 즉위하기는 했으나 처음부터 태국 국민들에게 인기가 없었다. 이런 약점 때문에 왕은 2014년 쿠데타로 처음 정권을 잡았던 쁘라윳 짠오차 총리와 정치적으로 결탁하는 모습을 보였다.

조금씩 분출하던 불만을 응집시킨 사람이 탐마삿대에서 사회학과 인류학을 전공하는 학생 '파누사야 시티와지라바타나쿨'이었다. 2020년 8월, 탐마삿대에서 열린 반정부 집회에서 파누사야는 왕정 개혁을 촉구하는 성명을 발표했다. 태국에서 왕실 모독죄가 징역 15년까지 받을 수 있는 중죄라는 것을 생각하면, 놀라울 만큼 용기 있는 행동이다. 이를 계기로 그동안 태국에서 금기시 됐던 왕실 개혁이라는 이슈가 수면 위로 떠오르기 시작했다. 탐마삿대 학생을 중심으로 한 '탐마삿과 시위 연합 전선'이라는 단체가 현재 2020년 말까지 시위를 주도하고 있다. 탐마삿대 방콕 캠퍼스에 인문사회과학 계열 캠퍼스가 있어 학생들이 정치적 이슈에 더 민감하며, 또 정부 기관이 몰려 있는 구도심에 캠퍼스가 위치한 것도 이번 시위의 중심이 된 요소다.

탐마삿 대학교 학생식당

차오프라야강에서 보는 탐마삿 대학교의 모습

무엇보다 대학 캠퍼스가 주는 어떤 힘이 나를 몇 번이고 그곳을 향하게 했다. 학생들은 항상 무언가를 실행한다. 공부하고, 토론하고, 잡담을 나누기도 하고, 운동이나 공연 연습을 하는 탐마삿대 학생들의 모습은 잠시 삶을 의심했던 나의 정신을 깨워주었다. 나의 20대 역시 그들과 크게 다르지 않았다. 사람들에게는 쓸모없는 공부를 하느라 허송세월하였다고 자책하지만, 그래도 돌아보면 나는 내 업이라 여겼던 일을, 공부를 십 년 정도 꾸준히 해냈다. 삶의 의미나, 나의 존재 이유는 어쩌면 내가 움직이며 무언가를 한다는 것만으로 충분한 게 아닐까? 캠퍼스에 있으면 마치 학생들이 나에게 충분히 잘살고 있다고, 그동안 수고했다고 위로해주는 것 같았다. 이처럼 방콕은 자신의 다양한 모습을 보여주고, 나는 다양한 방콕의 얼굴 보면서 사실 내 삶의 자취도 이렇게 다양했다는 걸 깨달았다. 여행은, 그리고 방콕은 그동안 지나쳐온 일상의 풍경을 한 번 더 곱씹게 하여 내가 살아온 자취를 응원한다. 그런 의미에서 방콕은 내가 살고 싶은, 혹은 살기 위해 가고 싶은 도시였다.

여행을 믿자 여행은 옳으니까

'실존은 본질에 앞선다'라는 사르트르의 유명한 말이 있다. 인간은 스스로 선택하면서 살아가는 존재라는 뜻이다. 그 선택의 결과가 쌓이고 쌓여 나 자신이 된다. 여행이 언제나 옳을 수밖에 없는 건, 여행에서 우리가 매 순간 선택을 연습하기 때문이다. 특히 방콕은 다양한 모습만큼이나 우리에게 다채로운 선택지를 준다. 우리는 수많은 선택 사이에서 이 길이 나을지, 저 길이 나을지 갈등한다. 그리곤 잘못된 선택을 하면 후회하고 자책한다. 이건 '만약 다른 선택을 했으면 어땠을까'하는 기회비용 생각이 나서 그럴 것이다. 반대의 선택을 했다면 더 잘됐을지 모른다는 막연한 기대 말이다. 역사에 '만약'이라는 가정은 없듯이 우리 삶의 역사에도 '만약'은 없다. 그러니 지금의 선택이 잘못되었다면, 다시 선택하면 된다. 그 누구도 인생을 통틀어 완벽한 선택만 하고 살아온 사람은 없다는 것을 기억하면서 말이다.

무기력에 빠져있던 나에게 방콕은 여러 가지 선택지를 주었다. 어디에 머물지, 어떤 집을 계약할지부터 무엇을 타고 어떤 루트로 어디에 갈 것인지까지 스스로 선택해야 했다. 사실 이런 선택은 어렵지 않을뿐더러, 설령 잘못된 선택을 하더라도 위험도가 높지 않다. 그러나 이 작은 선택이 주는 성취감의 힘은 대단하다. 내 미래는 이미 실패로 결정되었다고 생각했다. 그런 내가 하루하루 내 미래를 선택함으로써 스스로 삶을 통제할 수 있다는 자신감을 얻었다. 여행을 떠나지 않았더라면, 방콕이 아니었다면 나는 이런 주체적인 힘을 느끼지 못했을 것이다. 보통 여행을 떠나기만 한다고 해서 삶이 변하거나, 큰 깨달음이 저절로 찾아오는 건 아니라고 말한다. 그러나 이제 나는 떠나기만 하면 당신의 삶을 바꿀 가능성이 있다고, 여행은 언제나 옳다고 말하고 싶다. 당신이 여행의 가능성을 믿기만 한다면.

한 달 살기,
그리고 노마드의 꿈

한때 '욜로(YOLO: You only live once)'라는 키워드가 우리 사회를 지배했다. 인생은 한 번 뿐이니, 지금 당장 하고 싶은 일을 하라는 뜻이다. 혹자는 이런 행태에 대해 소비만능주의가 도래한 것이라며 비판적으로 보았다. 반대로 세계 경제의 만성적 저성장이 굳어지면서, 젊은이들이 더 나은 미래가 올 것이라는 희망을 포기한 것이라며 씁쓸한 현상이라고 평가하기도 했다. 차곡차곡 적금을 모으던 나도 '이 돈 모아 봤자 어차피 서울에 집도 못 사는데'라는 마음이 있었기에 퇴사도, 한 달 살기도 시도할 수 있었다. 웃프지만, 소시민이던 나는 희망을 버리고 나서야 새로운 길을 시도했다. 그런 점에서 나는 '욜로=절망'이라는 해석에 한 표를 던진다.

그러나 언제부터인가 욜로는 소리 소문 없이 사라지고, '부자' 담론이 그 자리를 채우기 시작했다. 주식과 부동산 같은 재테크 이야기는 평범한 사람들도 일상적으로 나누는 대화 소재가 되었다. 출판, 강연, 방송 시장에서는 온통 지금 당장 투자를 해야 한다고 한목소리로 외치고 있다. 공교롭게도 이런 '돈' 이야기는 코로나 이후 더 극적으로 증폭되고 있다. 해고와 실직 같은 고용불안은 더는 나와 먼 이야기가 아니다. 당장 내 주변 사람들이 실직을 걱정하면서 재택근무를 하고 있으니, 고용불안은 우리 삶 속에 자연스레 스며든 위협이 되었다. 상황은 더 나빠지고, 희망이 사라진 탓일까? 이제 희망이 없으니 즐기라는 게 아니라, 한 줌의 희망조차 없으니 뭐라도 해서 한 푼이라도 더 모아야 한단다. 욜로든 돈 이야기든 희망이 사라진 시대에 젊은이들이 보인 반응이 극과 극의 선택으로 나뉜다는 점이 아이러니하다.

세계 일주라는 헛된 꿈

욜로 시대를 대표하는 아이템이 바로 여행, 그중에서도 한 달 살기다. 지금의 행복을 위해 불행의 근원인 회사를 그만두고 여행을 떠나는 것, 그것도 한 도시마다 한 달씩 충분히 살아보는 게 퇴사 후 여행의 로망이 되었다. 나 같은 쫄보 소시민도 퇴사 후 여행기를 접하며 한 달 살기의 꿈을 키웠고, 감히 한 달 살기에 도전해볼 수 있었다. 물론 내가 장기여행을 꿈꾼 계기는 그보다 더 과거로 거슬러 올라간다.

중학교 때 친구가 책 한 권을 선물로 주었다. 제목은『지금보다 더 나은 내가 되고 싶다』. 평범한 대학생이던 저자 최재웅은 영국 탐험가 마틴 윌리엄스가 밀레니얼을 맞아 기획한 폴투폴(Pole To Pole) 프로젝트에 참가한다. 세계 7개국에서 뽑힌 8명의 청년이 북극에서 남극까지 무동력으로, 즉 도보, 스키, 자전거, 카약 등을 이용해 지구를 횡단하는 프로젝트다. 책은 2001년 1월 1일, 남극 아문센 기지에 도착하기까지 10개월의 모험기를 담았다. 해외에 한 번도 나가보지 않은 나는 세계를 일주하는 한국 청년의 모험 이야기에 푹 빠져들었다. 아마 그때부터 다른 나라, 다른 대륙에 관심이 깊은 아이가 되었고, 결국 대학원에서 국제정치까지 전공하게 되었나 보다.

그러나 세계 일주를 꿈꾸던 아이는 그렇게 꿈만 꾸고 있었다. 방학 때 틈틈이 여행을 다니긴 했지만, 감히 대륙과 대륙을 넘어 세계를 일주하는 일은 시도조차 할 수 없었다. 대신 새로운 취미가 생겼는데, 블로그에서 세계 일주 여행가들을 찾아 그들의 사진과 여행기를 열심히 보는 것이었다. 블로그를 보면서 언젠가 세계여행을 떠나야지 하며 기약 없는 약속을 스스로 하곤 했다.

시간이 더 흐르자 수많은 세계여행자가 등장했다. 이제는 세계 일주를 한다는 게 예전만큼 엄청나게 특별한 일로 여겨지지도 않을 정도다. 이렇게 수많은 프로 여행가들이 등장하던 중에 나의 눈길을 사로잡는 여행법이 나타났다. 바로 '한 도시 한 달 살기'다. 그간 한 도시에 길어봐야 일주일 남짓 머무르는 여행을 해왔는데, 내심 한 달 정도는 있어야 이 도시를 제대로 알 수 있지 않을까 하는 생각을 했다. 또 수차례의 여행을 통해 나는 유명한 관광지나 인기 있는 투어 같은 것에 관심이 없다는 것도 깨달았다. 그보다 그 도시의 시민들이 사는 모습 그대로 살아보고 싶었다.

여행에서 우리는 다른 삶을 살아보려는 욕망을 확인하고, 또 여행이야말로 실제로 다른 나로 살 수 있는 거의 유일한 기회이기도 하다. 그래서 여행에서는 평소보다 돈과 시간을 펑펑 써도 아깝지가 않다. 한때는 여행에서 행복한 이유가 하루에 몇십만 원씩 쓰고 다녀서이며, 평소에도 매일 그만큼 돈을 쓰면 무조건 행복하지 않겠냐는 농담이 밈(meme)으로 돌기도 했다. 다만, 나에게 그 다른 삶이란 관광객이나, 떠돌이 여행자가 아니라 한 달 만이라도 그 나라 사람처럼 살아보고 싶은 욕망이었다. 열다섯 살짜리가 꿈꿨던 세계 일주는 30대의 현실과 타협하면서 해외로 유학을 가는 것, 혹은 다른 나라에서 일자리를 잡는 것으로 한 발 후퇴했다. 그마저 여의치 않자 한 달 만이라도 그 도시 시민으로 살아보는 것으로 더 물러났다. 나는 그렇게라도 현실에서 벗어나 다른 정체성을 갖고, 전혀 다른 삶을 살아보고 싶었다.

당신이 알아야 할 방콕 한 달 살기의 기술

나는 일 년의 기간을 두고 방콕에서 두 번의 한 달 살기를 했다. 주변 사람들은 모두가 꿈꾸는 한 달 살기를, 그것도 방콕에서 했다는 데 호기심을 보였다. 가장 많이 받은 질문은 한 달 사는 데 얼마가 들었냐는 것이다. 여행 예산과 비용을 묻는 단골 질문이다. 이에 대해 많은 여행가는 사람마다, 어떻게 지낼지에 따라 편차가 크다는 단서를 단다. 나 역시 그건 '케이스 바이 케이스'라고 답할 수밖에 없다. 같은 서울에서 지내는 사람들이라도 한 달 생활비는 모두 제각각이지 않은가. 그리고 한 달 살기는 라이프스타일이지 어떤 기술이 아니다. 한 달 동안 무엇을 하며 살지는 자신에게 달린 것이므로 반드시 알아야 할 정보 같은 건 없다고 생각한다. 내가 무엇을 할 것이며, 어떤 환경에서 살고 싶은지를 결정하고 그에 맞는 정보를 찾는 것이 맞다. 이미 수많은 방콕의 생활정보가 온라인에 있으니 크게 걱정할 필요도 없다.

첫 번째 에어비앤비 콘도 숙소의 낮과밤

콘도 옥상에 있는 공용 수영장

나는 숙소를 한 달 살기에서 가장 중요하게 생각한다. 예산에서 가장 큰 비중을 차지할 뿐 아니라 한 달 동안 가장 오래 머무를 공간이기 때문이다. 첫 방콕 한 달 살기 때는 다양한 숙소에서 머물러보았다. 호텔과 에어비앤비로 예약한 콘도, 그리고 일반 아파트였다. 호텔에서 일주일 정도 머물렀는데, 호텔은 단기 여행에 최적화된 숙소이지 장기간 머물기에는 매우 불편한 곳이라는 걸 다시 깨달았다. 에어비앤비로 처음 예약한 콘도는 지금도 잊지 못할 최고의 숙소였다. 보통 콘도라고 불리는 콘도미니엄(Condominium)은 방콕에서 흔한 주거공간이다. 우리나라 오피스텔처럼 높은 빌딩에 세대는 원룸이나 투룸으로 구성되어있다. 그래서 젊은 1인 가구나 커플이 주로 산다. 콘도에는 보통 공용 헬스장과 수영장 시설이 있고, 보안도 철저해서 방콕에 거주하는 외국인이 선호하는 숙소이기도 하다.

다만 그만큼 월세가 만만치 않아서 방콕에서는 콘도를 상당히 고급스러운 주거지로 인식한다.

동네 코인 세탁방

한 달 머무는 외국인은 이런 콘도를 에어비앤비로 예약할 수밖에 없다. 나 역시 방콕에 가기 전 숙소에 대해 많은 조사를 했다. 유튜브만 봐도 방콕 초호화 콘도가 월에 30~40만 원 밖에 하지 않는다는 이야기가 많이 돌아다닌다. 방콕의 숙소를 이 잡듯 뒤진 경험에 비추어 추측해보면, 이런 곳은 시내에서 멀리 떨어져 있거나 대중교통이 다니지 않는 곳일 확률이 높다. 특히 지하철역 근처와 그보다 한참 멀리 떨어진 지역의 집값은 차이가 크다. 한 달 거주하는 외국인에게 지하철은 생명줄이나 다름없다. 방콕에서 버스를 타는 건 빨리 포기하는 게 편하고, 매번 택시와 오토바이 택시를 타는 것도 요금이 만만치 않다. 나는 조금 비싸더라도 지하철역까지 도보 10분 거리를 숙소의 마지노선으로 삼았다.

가장 일반적인 콘도 부엌

혹은 값싼 콘도는 무언가 옵션이 빠져있을지도 모른다. 옵션의 핵심은 주방과 세탁기다. 방콕 사람들은 집에서 음식을 직접 조리하지 않는다. 퇴근길에 음식을 포장해 가는 것이 보편적인 문화다. 그래서 아무리 고급스러운 콘도라도 주방이 아예 없는 곳도 꽤 많다. 아니면, 주방은 있더라도 인덕션이나 전자레인지 등의 조리기구가 없을 수도 있다. 에어비앤비로 콘도를 예약하기 전에 미리 주인에게 주방은, 조리기구는 있는지 하나하나 물어봐야 한다. 세탁기 역시 주인에게 직접 확인을 해야 한다. 콘도라도 방 안에 세탁기가 없다는 걸 기본으로 봐야 한다. 그만큼 방콕에서는 집 안에 세탁기를 두는 게 흔치 않다. 그래서 방콕 길거리마다 쉽게 볼 수 있는 게 코인 세탁기다. 나의 첫 에어비앤비 콘도에는 방 안에 세탁기가 있었다. 하지만 그다음 콘도와 아파트에는 모두 공용 코인 세탁기를 써야 했는데, 그제야 개인 세탁기가 있다는 게 얼마나 편한 것인지 느꼈다.

에어비앤비가 아니라는 경고 문구(NOT A HOTEL)가 담긴 안내판

이보다 콘도를 예약할 때 가장 주의해야 할 사항은 따로 있다. 바로 단속이다. 태국에서 에어비앤비는 공식적으로 합법이 아니다. 숙박업으로 등록하지 않고 방을 대여해 주는 일이 법에 맞지 않기 때문이다. 다만, 경찰이 직접 하지는 않고 콘도 관리사무실에서 자체적으로 단속한다. 이것도 단속하는 콘도와 그렇지 않은 곳이 따로 있다. 주로 시내 중심가 근처의 콘도에서 엄격히 단속한다. 더 고급스러운 데다 지리적 위치가 좋으니 관광객에게 비싸게 에어비앤비를 돌리는 게 더 큰 이익이 되어서 그럴 것이다.

나도 시내 중심가의 콘도를 예약했다가 하루 만에 급히 숙소를 옮긴 적이 있다. 에어비앤비로 예약한 콘도의 주인은 저녁 7시 이후에 입실할 것을 신신당부했다. 알고 보니 콘도 관리사무실 직원들이 퇴근하고 당직 한 명만 있는 경비가 허술한 시간대였다. 로비에 들어서자 곳곳에 에어비앤비 금지라는 경고문이 붙어 있었다. 최대한 몰래 방으로 들어가려 했지만, 커다란 캐리어를 끈, 누가 봐도 외국인 관광객인 나를 콘도 직원이 놓칠 리 없었다. 나는 끝까지 집주인의 친구인 척하며 전화를 걸어 상황 정리를 집주인에게 맡겼다. 다행히 방에 들어갈 수는 있었지만, 놀란 마음에 다음 날 다른 숙소로 옮겨버렸다. 한 가지 팁이라면, 에어비앤비에서 주인에게 메시지를 보낼 때, 방콕 콘도의 단속이 심하다는 걸 이미 알고 있는데 그곳은 확실히 단속하지 않는지 물어보는 것이 좋다. 유사시에 주인이 직접 문제를 해결해줄 수 있는지도 확인해보자. 그러나 역시, 되도록이면 호텔을 이용하는 편이 좋겠다.

한 달간 살았던
방콕의 아파트

두 번째 방콕에서는 한 달 내내 같은 아파트에만 머물렀다. 콘도가 외관상 우리나라 오피스텔과 같다면, 방콕에서 아파트라고 부르는 곳은 우리나라의 빌라와 비슷한 모습이다. 콘도보다 건물 규모가 훨씬 작고, 수영장이나 헬스장 같은 부대시설이 없다. 큰길이나 지하철역에서 약간 떨어진 골목에 위치한 만큼 가격은 더 저렴하다. 이미 방콕의 호텔과 콘도에서 원 없이 살아봤으니, 싸고 조용한 골목길 아파트에서 지내고 싶었다.

이런 종류의 아파트 매물은 에어비앤비보다 '렌트허브(https://www.renthub.in.th/en)'라는 사이트에 더 많다. 이곳은 주로 방콕에 거주하는 외국인들이 월셋집을 구하는 사이트다. 방콕에 산다 하더라도 외국인은 언제 당장 떠날지 모르기 때문에 연 단위로 계약하는 것이 부담스러운데, 렌트허브를 통하면 한 달 월세 정도의 보증금을 내고 월 단위로 계약할 수가 있다. 이 사이트가 에어비앤비처럼 예약과 사후관리까지 도맡아주는 플랫폼은 아니다. 집 정보와 주인의 연락처, 주로 라인 아이디만 올라와 있다. 내가 주인과 직접 연락해서 계약해야 한다. 나는 급한 마음에 한국에서 한 달을 통으로 계약하고 보증금도 미리 보냈다. 그러나 집도 직접 보고, 더 안전한 거래를 위한다면, 처음 며칠은 호텔에서 지내면서 그 시간에 아파트를 직접 보러 다니는 방법도 있다. 집주인들은 언제든 집을 보러 와도 좋다고 했다.

렌트허브 사이트. 주요 교통지와/인기 지역으로 집을 검색할 수 있어 편리하다

아파트도 대부분 주방을 갖추지 않았다는 단점이 있다. 그렇다보니 직접 요리를 해먹을 수 없었던 게 가장 불편했다. 그래도 정말 방콕 로컬들이 사는 동네에 머물렀다는 기억이 남는다. 나는 아직도 내가 살았던 집이 방콕의 고향처럼 느껴진다.

아파트에 헬스장이 없어서 동네 헬스장을 등록했다

세계를 떠돌며 사는 꿈

완벽한 여행은 없다. 모든 여행에는 아주 조금이라도 후회가 남는다. 특히 두 번째 방콕이 그랬다. 한 달이라는 길다면 긴 시간 동안 새로운 일을 시도해보지 못했다는 후회가 남는다. 어떤 한 달 살기 후기가 적힌 블로그에서, 한 달이라는 기간은 그 도시에 막 적응하는 정도의 시간이라고 했다. 나도 그 말에 깊이 공감했기에, 더 열심히 한 달을 보내지 못한 것이 후회스러웠다.

장사하며 세계 일주를 한 애널리스트 코너 우드먼의 여행기를 참 좋아한다. 그래서 작은 보따리 장사를 해볼까 하는 생각도 했다. 그때는 코로나 바이러스가 유행하기 전이었는데, 우연히 태국 친구의 SNS에서 한국 마스크가 거래되는 것을 접했다. 한국 연예인 마스크를 가져다 방콕 시장에 무작정 팔아보면 어떨까 하는 생각이 들었다. 그러나 뼛속 깊이 샌님인 나는 차마 그런 시도를 하지 못했다. 그러다 한창 방콕에 머물던 시기에 코로나가 터졌고, 그제야 시장에서, 거리에서 마스크가 불티나게 팔리기 시작했다.

한편으로는 그렇게 방콕에 더 머물고 싶었다면, 아예 일자리를 찾아보는 건 어땠을까. 요즘 태국의 스타트업이 활발하다는데 방콕의 창업자들을 만나보기라도 했다면 어땠을까. 코로나로 방콕에 갈 수 없게 된 지금에서야 이런 아쉬운 생각이 하나씩 떠오른다.

코로나가 확산하기 직전에 한국에 돌아왔다. 마침 코로나로 인해 우리의 모습도 많이 달라지고 있었다. 설마 가능할까 싶었던 재택근무가 보편화되기 시작했다. 사람들은 갖가지 온라인 툴을 사용해 각각 다른 장소에서도 함께 소통하며 일하고 있다. 디지털 노마드가 정말 가능하다는 걸 보여준 역설적인 시대가 되었다. 사실 방콕에서 내가 하고 싶었던 건, 완전히 정착하는 것도, 또 한 달 내내 놀기만 하는 것도 아니었다. 나는 내가 원하는 도시에서 내가 좋아하는 일을 하고 싶을 뿐이었다. 방콕에서의 한 달, 두 달이 아쉬운 건 그런 디지털 노마드의 삶을 시도해보지도 못해서다. 그리고 나는 방콕이 그런 노마드의 삶을 존중하고 지지해주는, 세상에서 가장 자유로운 도시라는 것도 안다. 카페에서 노트북으로 일하는 다양한 인종의 사람들이 있고, 방코키안(Bangkokian)은 그런 외국인 노마드들을 편견 없이 친절하게 맞아준다. 방콕에서 느낀 그 진정한 자유의 느낌이 나를 노마드의 삶을 꿈꾸게 했다.

한 달을 살아보니, 아주 아쉬웠다. 그래서 한 달을 더 살아봤지만, 그것도 부족하다. 내가 한 도시를 넉넉히 알아가는 데 필요한 시간은 석 달은 필요할 듯하다. 이제 나의 꿈은 한 도시에 적어도 석 달씩 머무르며 세계를 떠도는 것이다. 다 큰 30대의 꿈이라기에는 유치하거나 현실감 없어 보이긴 하다. 그래도 떠돌이 노마드로 사는 꿈은 어릴 적부터 가슴 깊이 묻혀있던 꿈이다. 방콕 한 달 살기를 통해 그 꿈을 발견하고 오랜만에 내 가슴이 두근거렸다. 이리저리 떠돌다 마음이 지칠 때쯤에는 영혼의 고향인 방콕으로 가야겠다. 방콕을 베이스캠프 삼아 세계를 유랑한다면 영원히 지치지 않을 것만 같다.

지극히 주관적인 태국 음식 이야기

팟타이

괜히 쌀국수 얘기를 꺼냈다. 그날따라 지도 교수님은 새로운 점심 메뉴를 찾으셨고, 나는 그저께 동기에게 들은 학교 앞 쌀국수집 TMI를 방출했다. 패턴 상, 30초만 기다리면 당신이 알아서 메뉴를 결정하실 텐데, 내 입이 방정이다. 그렇게 찾아간 쌀국수집을 나오면서 교수님이 한마디 하셨다.

"여기는 태국식 쌀국수구나, 베트남식이 아니라. 내 입에는 별로다."

음식 하나 잘못 추천했다고 큰일 나는 건 아니지만, 부정적인 피드백 하나에도 대학원생 등골에는 괜히 식은땀이 흐른다. 아니, 동기 놈은 여기가 태국식인 걸 왜 안 알려준 거야. 그나저나 쌀국수가 태국식이 있고 베트남식이 따로 있나? 그때까지만 해도 쌀국수는 베트남 음식이라는 것 외에 다른 정보가 없었다. 검색해보니 베트남 쌀국수는 국물이 맑고 육수가 담백

해서 우리나라 사람의 입맛에 잘 맞는다고 한다. 태국식은 면이 다양하고 국수 종류에 따라 여러 가지 향신료가 들어간다. 나는 방콕의 냄새를 일본 라멘집의 깊은 육수 냄새에 시큼함을 더한 향으로 기억한다. 그래서 한국 사람들에게 호불호가 갈린다. 태국 음식이 생소한 어르신들은 왜 음식에서 큼큼한 냄새가 나냐, 상한 것 아니냐고 이야기하시곤 한다. 처음 태국 현지 음식을 먹는 사람들은 마찬가지로 특유의 향 때문에 어려울 수도 있다. 그럴 땐 라임이나 고춧가루를 듬뿍 뿌리면 향이 조금 잡힐 것이다. 대부분의 식당에서 라임을 몇 개 더 달라고 하면 무료로 준다. 또 어느 식당이든 고춧가루가 테이블에 항상 놓여 있다. 그날 교수님과 먹은 쌀국수가 담백했는지, 진한 국물이었는지 기억나지는 않는다. 어쨌든, 그게 태국식 쌀국수의 정체를 처음 알아차린 일이었다.

소고기 피시볼을 추가한 태국식 쌀국수

한국인에게 유명한 카오산로드 끈적국수
태국으로 이민 온 베트남 사람들이 만든 국수로 베트남식에 가깝다

나는 미식가보다는 아무거나 막 먹는 막식가 스타일이다. 맛만 있으면 다 좋다. 베트남식이든 태국식이든 쌀국수는 다 맛있지만, 둘 중 하나를 반드시 고르라면 태국 쌀국수를 택하겠다. 내가 태국 쌀국수를 좋아하는 포인트는 세 가지다. 꾸덕꾸덕하게 느껴질 만큼 깊고 진한 육수, 고기부터 해산물까지 다양하게 추가할 수 있는 토핑, 그리고 에그 누들.

육수는 색깔부터 베트남 쌀국수보다 진한데, 그만큼 향도 세다. 시큼함과 고소함이 뒤섞인 향으로 담백한 국물보다는 자극적인 편이다. 현지인들은 여기에 설탕과 후추 등 각종 향신료를 추가로 더 넣어 먹지만, 나는 피쉬 소스 하나면 충분했다. 국숫집 피쉬 소스에는 잘게 썬 태국 고추도 섞여 있어 매콤하게 먹을 수 있다.

토핑은 소고기, 돼지고기, 닭고기부터 새우까지 다양한데, 내가 가장 좋아하는 건 우리나라의 어묵과 비슷한 피쉬볼이다. 다른 것도 맛있지만 왠지 국수를 먹을 때는 피쉬볼이 토핑으로 가장 어울린다. 일반적인 쌀국수의 양이 성인 남자 기준으로는 좀 적은 편인데, 피쉬볼을 비롯한 토핑 몇 가지를 추가하면 양이 딱 맞기도 했다. 무엇보다 나의 최애는 에그누들이다. 국수를 먹을 때, 면 종류를 선택할 수 있는데, 방콕에서 먹은 면 요리 중 열에 아홉은 에그누들을 골랐다. 동남아 국가들에서 많이 먹는 에그누들은 중국식 보다 더 얇고 꼬들꼬들하다. 밥도 꼬들밥을, 라면도 약간 설익은 라면을 좋아하는 내 입맛에 최적화된 면이다.

에그누들을 접하기 전에는 면 하나로 국수의 맛이 이렇게 달라질 줄 몰랐다. 태국에 처음 가는 사람이라면 이 사실을 잘 기억해두었다가 에그누들을 비롯한 다른 면 종류에 도전해보기를 추천한다. 가장 기본 면은 영어 메뉴에 'Rice noodles'로 나와 있다. 가장 흔히 먹을 수 있는 그 쌀국수다. 두 번째로 추천하는 면은 영어 메뉴에 'vermicelli'라고 적힌 얇은 당면이다. 처음 이 면을 먹었을 때, 면은 아주 얇은데 잡채처럼 쫄깃해서 놀랐다. 그 독특한 식감만으로도 한 번 맛볼 가치가 있다. 'Big flat noodles'는 넓은 중국식 당면이다. 우리나라에서는 마라탕 면으로 대중화되었다. 이 면은 국물이 있는 국수보다는 볶음국수에 더 잘 어울리는 것 같다.

나는 다양한 음식 문화가 있다는 것이 그 나라가 역사적으로 풍족하게 살아온 증거라고 믿는다. 그런 점에서 태국의 다양한 종류의 국수와 다채로운 토핑은, 이 나라가 동남아에서 가장 풍요로운 곳이라는 걸 새삼 다시 느끼게 한다. 누군가 우스갯소리로 서양은 먹을 게 없어서 고깃덩어리에 소금이나 겨우 쳐서 먹은 것이라고 했다. 그게 스테이크라고. 그러니 인도에서 들여온 후추 맛에 눈이 돌아가지 않을 수 있겠는가. 음식이 그 나라의 역사를 보여준다는 건 아프리카에서도 느낄 수 있었다. 10여 일 정도 대학교 필드트립으로 탄자니아에 다녀온 적이 있는데, 나는 아직도 탄자니아의 대표 음식이 무엇인지 모르겠다. 현지식을 먹을 때 선택지는 딱 세 가지뿐이었다. 비프, 치킨, 피쉬. 밥에 이 세 가지 메인 메뉴와 밥, 그리고 콩이나 샐러드가 반찬처럼 나오는 게 보통이다. 물론, 우리가 단체인 데다 외국인 관광객의 입맛을 고려한 식단이었을 것이다. 그러나 탄자니아에 머무는 내내 이게 전통 음식이라든가 가장 보편적인 음식이라든가 하는 이야기를 들어보지 못한 점이 아쉬웠다.

태국인의 자존심은 풍부한 먹거리에서부터?

태국은 지리적으로 물자가 풍부할 수밖에 없는 환경이다. 인도차이나반도에서 가장 비옥한 땅을 독차지하고, 차오프라야강이 국토를 가로지르며 흐른다. 삼면이 바다로 둘러싸여 있어 수산물도 풍부하다. 게다가 북쪽은 산악지방이니 없는 게 없는 셈이다. 중국 남부 운남성에 살던 타이족이 남쪽으로 흘러 내려와 이곳에 정착한 이유가 다 있다.

동남아시아 역사의 본격적인 시작은 크메르 제국이라고 볼 수 있다. 캄보디아의 전신으로 앙코르와트를 만든 그 왕국이다. 9세기부터 동남아 영토 대부분을 차지한 패권국이었다. 타이족은 13세기부터 크메르를 몰아내고 독립한 후 숱한 전쟁을 거치면서도 이 축복 받은 땅을 지켜냈다. 심지어 제국주의 시대에도 서구 열강으로부터 독립을 이어왔다. 지금까지도 태국은 하드파워에서, 소프트파워에서도 동남아시아의 강대국이다. 오늘날 태국의 다채롭고 맛있는 음식은 부유하게 살아온 그들의 역사를 보여준다.

천 년 가까이 강대국으로 살아와서 그런지 태국인의 자존심은 매우 세다. 특히 국가와 전통에 대한 자부심이 대단하다. 현지인 친구와 음식 이야기를 하다가 태국인 특유의 강한 자존심을 경험했다. 방콕에 머물면서 이상했던 점은, 훌륭한 태국 요리보다 외국 음식의 맛이 기대 이하였다는 것이다. 방콕에서 일식과 피자, 파스타 등 가장 대중적인 외국 음식을 먹어봤지만 내 입에는 맞지 않았다. 한 번은 피자헛에서 피자를 시켰는데, 내가 예상한 그 피자 맛이 아니었다. 다른 건 몰라도 피자가 맛이 없다는 건 꽤 심각한 일이다. 확인을 위해 방콕에 사는 캐나다인에게 물어봤다. 그 역시 이곳 피자는 별로라며, 그나마 괜찮다는 피자집 몇 곳을 소개해주었다. 수많은 외국인이 사는 방콕에서, 그것도 요리를 잘하는 방콕에서 피자를 비롯한 외국 음식이 왜 별로인지 생각해본 적이 없다며 그는 내 질문을 흥미로워했다.

우리는 토론 끝에 현지화 때문이라는 잠정 결론을 내렸다. 태국 음식이 세계적으로 인기가 있긴 하지만 강한 향 때문에 호불호가 갈린다. 그건 아시아 음식을 잘 못 먹는 서양인도 마찬가지라고 한다. 아무리 외국인이 많이 살아도, 외국 음식을 판다고 하더라도 주 고객은 현지 태국인이다. 색이 강한 그들의 입맛에 맞추기 위해서 외국 요리가 태국화 되는 과정을 거쳤고, 그걸 맛본 우리 외국인에겐 이도 저도 아닌 맛이 나는 것이다. 어쩌면 외국 음식마저도 자신들의 강한 입맛에 맞춰버리는 태국인의 맛부심 때문일지도 모르겠다.

큰마음 먹고 간 호텔 뷔페도 썩 입맛에 맞지는 않았다

이제 현지인의 의견을 듣는 일만 남았다. 태국인 친구에게 이 독창적인 연구 주제를, 그리고 캐나다인과의 토론 끝에 내린 나만의 분석을 말해주었다. 설명을 들은 친구는 다소 황당해했다. 이해는 한다. 태국의 외국 음식이 별로라는 건 나와 캐나다 친구 둘만의 생각일 수도 있으니 말이다. 누가 이런 의문을 제기하겠는가? 그는 방콕에 많은 외국인이 살며 외국인 쉐프들 또한 많다며, 세계적으로 인정받는 유명한 레스토랑도 많은 걸 보면 외국 음식이 맛이 없다는 내 의견은 객관적이지 않다고 반박했다. 나는 그의 의견이 충분히 합리적이라고 생각했지만, 의문은 가시지 않았다. 하지만 친구는 맛이 없다는 나의 발언에 이미 자존심이 상했다. 태국 요리가 전 세계적으로 유명한 만큼 우리 요리 실력도 세계 최고인데, 어떻게 맛이 없을 수 있냐는 것이다.

'이봐, 친구. 나는 태국의 요리 실력을 의심하지 않아. 다만 외국 음식을 태국 스타일에 맞춘 건 아닌지, 너희들은 이곳의 피자가 이탈리아나 미국의 피자 맛과 똑같다고 생각하는지, 그게 궁금할 뿐이야.'

왕실, 역사, 전통, 그리고 요리까지. 태국 사람들의 '국뽕' 영역 중 하나인 요리를 내가 건드린 것이다. 아주 많은 태국 사람을 만나본 건 아니지만, 적어도 내 경험에 의하면 이 국뽕 영역에 있어서만큼은 타협의 여지가 없다. 이렇게 민족적 자존심이 센 나라를 보면, 과거의 영광에 비해 지금의 모습이 초라한 경우가 많다. 가끔 중국이 보여주는 배타적 민족주의 같은 것 말이다. 공교롭게 이 두 나라 모두 음식 하나 만큼은 기가 막힌다.

프로 방콕 한 달 살러의 추천 메뉴

족발 덮밥, 카오카무(위키미디어(commons.wikimedia.org) @Takeaway)

이러다 태국 음식이 맛없다는 결론으로 끝날까 겁난다. 오해를 피하고자 내가 가장 좋아하는 음식을 소개하고 싶다. 흔히 태국 음식 하면 팟타이와 똠양꿍을 떠올린다. 하지만 태국은 돼지고기를 가장 즐겨 먹으며, 돼지고기 요리가 일품이라는 걸 잊지 마시라. '카오카무(kao ka mu)'라는 족발 덮밥은 고기가 정말 부드럽다. 족발을 끓인 국물이 소스인데, 사실 이 소스에 밥만 비벼도 될 정도다. 마치 족발은 보너스인 느낌. 카오카무는 현지인들에게도 인기가 있어 유명하다는 식당은 항상 줄이 엄청나다. 관광객이 기다렸다 먹기엔 힘들지만 쇼핑몰 푸드코트에서 파는 카오카무도 충분히 훌륭하기 때문에 다소 위안이 된다. 카오카무를 시킬 때 삶은 계란을 반드시 추가하길 바란다. 이 소스에 졸인 삶은 달걀은 흡사 우리의 장조림 달걀과 맛이 비슷하다. 이걸 한 번 맛보면 달걀이 우리나라 떡볶이뿐 아니라 족발과도 궁합이 잘 맞는다는 걸 알게 될 것이다.

다른 하나는 '무끄럽(moo krob)'이다. 통삼겹살을 기름에 튀긴 음식이다. 무끄럽이 국수에 들어가기도 하지만, 나는 무끄럽은 밥과 먹는 게 더 어울린다고 생각한다. 왠지 한국인으로서 삼겹살은 밥에 먹어야 할 것만 같은 기분이 들어서다. 튀김은 신발을 튀겨도 맛있다는 말이 있는데, 돼지고기를 튀기는 건 반칙이다. 겉은 바삭하고 속은 촉촉한 이 무끄럽은 삼겹살을 그다지 좋아하지 않는 나를 완전히 홀렸다. 무끄럽은 삼겹살에 대한 나의 이상향(?)이 현실로 나타난 요리다. 삼겹살을 먹을 때면 내가 먹을 고기는 바싹 익혀 먹었다. 기름에 거의 튀겨질 정도로 삼겹살을 구웠는데, 이걸 통으로 튀긴다는 상상은 해보지 못했다. 이 정도면 무끄럽과 나의 만남은 운명이다.

파타야 가는 길에 우연히 들린 교외의 야외 레스토랑
어디인지도 모를 이곳에서 인생 무끄럽을 만날 줄 몰랐다

음식이 국경을 넘어가면 그곳 사람들의 입맛에 맞게 바뀔 수밖에 없다. 그래서 아직 방콕의 맛을 그대로 품은 태국 레스토랑을 서울에서 찾지 못했다. 목적지가 방콕이라면 음식 하나 때문에 간다는 게 결코 무모한 짓이 아니다. 코로나 때문에 떠날 생각도 못 하는 2020년 지금, 몇 년 후 방콕에 가서 오랜만에 먹을 카오카무와 무끄럽이 얼마나 맛있게 느껴질지 벌써 기대된다.

방콕에서 먹은 최애 요리
Top3 안에 드는 방콕 차이나타운의 볶음밥
백퍼센트 태국 음식이 아니라서
Top2에 들지 못했다

태국 길거리 간식 바나나 로띠
막상 사 먹으려면 잘 보이지 않아
온 동네를 뒤졌다

돼지고기가 지겨울 땐 닭고기를 먹자
무끄럽처럼 겉바속촉으로 튀긴 닭고기다
망고스무디까지 곁들이면 환상의 조합이다

TIP | 음식 계산 매너 문화 차이

한국에서는 식사를 마치고 카운터에 직접 가서 계산하는 게 보통이다. 자리에 앉아 직원을 불러 계산하라고 카드를 주는 건 무례한 행동이라 생각한다. 그러나 태국은 반대다. 먼저 테이블에 앉아 직원에게 계산서를 요청한다. 계산서를 가져다주면 금액을 확인하고 돈을 지불한다. 다시 직원이 거스름돈을 테이블로 가져다준다. 태국에서는 계산하겠다고 카운터로 돌진하면 직원들이 매우 당황해한다. 다소 무례한 행동일 수 있다.

카페나 페스트푸드점, 푸드코트는 주문과 계산을 동시에 하니 우리와 차이는 없다. (프랜차이즈 카페가 아닌 곳은 직접 음료를 테이블로 가져다준다) 다만, 다 먹은 식기류는 테이블에 그냥 두고 나와야 한다. 자리를 뜬 것을 확인한 직원이 뒷정리해준다. 처음에는 이런 문화가 손님을 지나치게 대접하는 것 아닌가 싶었다. 외식업 노동자를 천시하는 풍조에서 나오지 않았을까 추측했다. 현지인 친구는 이것이 그들을 존중하는 방법이라고 했다. 그들의 가게이고, 일이니, 그들이 모든 것을 컨트롤하도록 맡겨야 한다는 것이다. 설명을 듣고 보니, 이건 무엇이 옳은지 그른지 판단할 수 없는 문화의 차이라는 생각이 들었다.

육감적인 도시
방콕

방콕은 육감적인 도시다. '육감'이라는 단어에 이렇게 많은 의미가 있는지 사전을 찾아보고 처음 알았다. 내가 말하는 육감은 '육체의 감각'이라는 뜻이다. 나는 일본이 매우 영적인 나라라고 생각했다. 불교와 신도(神道)가 뒤섞인 독특한 세계관, 화려한 고층빌딩과 네온사인, 수많은 인파가 있지만 왜인지 모르게 정제된 분위기에서 영적이라고 느꼈다. 태국 역시 불교와 토속신앙이 공존한다. 하지만 방콕의 화려함은 도쿄나 오사카와 다르게 육감적이라는 느낌이다. 첫 번째 이유는 마사지다. 거리의 수많은 마사지샵을 보다 보면 괜히 내 몸이 찌뿌둥해지는 걸 느낀다. 마사지를 두려워하던 나 같은 사람도 '마사지 한 번 받아볼까'라는 생각이 든다.

나는 마사지를 썩 좋아하지 않았다. 어릴 적 친구들과 장난을 치며 마사지를 받을 때마다 아프기만 했다. 어린 마음에도 왜 돈까지 주고 이런 걸

받는지 의아했다. 처음 내 돈으로 정식 마사지를 받은 건 상해 여행에서다. 그래도 중국까지 왔는데 본토 마사지 정도는 받아봐야 할 것만 같았다. 마사지 강도에 놀란 나는, 마사지사에게 살살해달라는 요청을 세 번 정도 했다. 지압 강도의 레벨을 세 단계나 낮췄음에도 너무 아파서 입을 틀어막고 고통을 참았다. 지금도 그때의 마사지를 떠올리면 온몸이 찌릿찌릿하다. 상해에서의 기억 때문에 처음 방콕에 갈 때도 마사지를 받을 생각은 없었다.

마사지를 받으며

예상치 못하게 자전거 투어를 하며 타이 마사지의 역사를 알 수 있었다. 자전거 투어 코스에서 빠지지 않는 곳이 왓 포인데, 이곳이 타이 마사지의 성지 같은 곳이다. 가이드 설명에 따르면, 타이 마사지는 태국에서 전통 의학으로 분류된다고 한다. 2,500년 전 승려인 '시바고 꼬마르빠즈(지바까 꼬마라브하카)'가 창시했지만 구체적인 방법은 전해지지 않았다. 타이 마사지에 대한 고대의 기록은 미얀마와의 전쟁에서 상당수 유실됐기 때문이다. 그나마 남아 있는 기록을 라마 3세가 방콕 왓 포의 비석에 새겼다. 그 후 왓 포의 승려를 중심으로 마사지가 발전했고, 지금도 태국에서 가장 권위 있는 '왓 포 마사지 스쿨'이 바로 옆에 있다.

왓 포 비석에 새겨진 마사지 기록

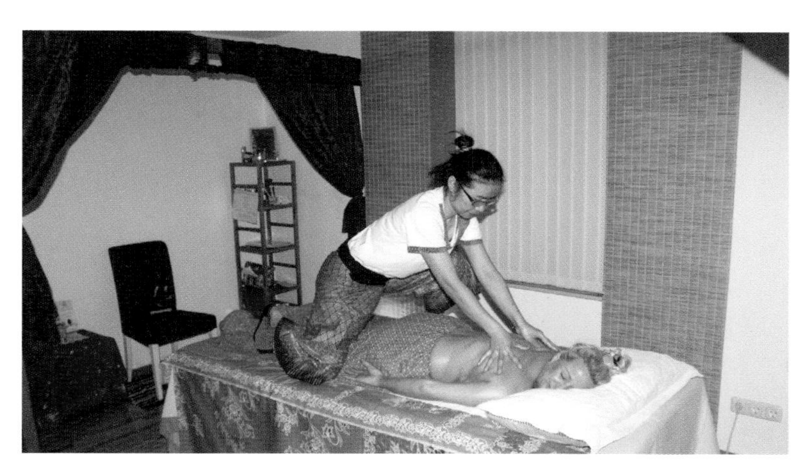

요금을 조금 더 지불하더라도 시원한 실내에서 마사지를 받는 것이 더 낫다

TIP | 자전거로 누비는 방콕

방콕에는 수많은 자전거 투어 업체가 있다. 한국 사람들에게는 저스트녹(Just Nok)이 가장 잘 알려진 업체일 것이다. 그래서 저스트녹을 이용하면 자연스럽게 한국 사람들과 동행할 수 있어 편하다. 외국인 친구를 사귀고 싶다면 그 외 다른 업체를 이용하는 게 좋을 것이다. 보통 투어 시간은 오전, 오후, 저녁으로 나뉜다. 더운 날씨 때문에 저녁 시간이 가장 인기가 많다. 저녁 투어를 선택하면 낮에는 보지 못했던 방콕 구시가지의 야경을 여유롭게 감상할 수 있다.

가장 흔한 발 마사지로 타이 마사지에 입문했다. 처음 방콕에 도착해서는 화려한 방콕의 이곳저곳을 구경하느라 정신이 없었다. 그러면서 참 많이 걸었는데, 그때마다 관광지 주변에 보이는 마사지 숍을 차마 지나칠 수 없었다. 상해의 아픈 기억 때문에 잔뜩 긴장한 채로 마사지 숍에 들어갔다. 시원한 에어컨 바람, 은은하게 풍기는 아로마 향, 배경음악처럼 들리는 소곤거리는 태국어 소리에 금세 마음이 놓였다. 사실 마사지사가 처음 다리를 주무를 때는 꽤 아팠다. 미리 외워두었던 살살해달라는 뜻의 '바오바오'를 외쳤다. 이렇게 강도를 한 단계 낮추니 나에게 딱 알맞았다.

내가 느끼기에 중국 마사지는 찍고 누르는 스타일이었다. 자극이 강해 통증에 취약한 나 같은 사람에게는 맞지 않다고 생각했다. 반대로 타이 마사지는 근육을 지그시 누르고 펴주는데, 시간이 지나 적응할수록 몸이 녹아내릴 것 같은 느낌이었다. 중간중간 비틀어주는 스트레칭은 정신을 번쩍 들게 한다. 마치 녹아서 흘러내린 내 몸을 다시 주워 담으려는 것 같았다. 졸린 것도 아닌데, 몸이 노곤해지면서 피로가 싹 풀리는 기분이다. 나는 그렇게 마사지에 빠졌다. 방콕에 살면서 다리 마사지는 며칠 건너 한 번씩 받았던 것 같다. 몸이 찌뿌둥해 견디기 어려울 때 전신 마사지도 가끔 받았다. 물론 여전히 '바오바오'를 외치면서.

동네 단골 마사지 가게

한국인 여행객이 많아 한국어가 쓰인 간판도 보인다
그러나 한국어 간판은 왠지 신뢰가 가지 않는다

마사지를 받으며 나도 몰랐던 내 몸에 대해 알아갔다. 잠들기 딱 좋은 환경이지만 정말 꿈나라로 가지는 않는다. 어쨌든 누군가 나의 몸을 주무르고 있으니 약간의 기분 좋은 고통과 함께 정신은 멀쩡하다. 그리고 마사지사의 손길을 따라 그 자극을 느낀다. '이 부분을 누를 때는 아픈데, 바로 옆은 아프지 않고 시원하군. 여길 자극하는 건 또 처음 경험하는 느낌이구나' 이런 것들을 타인의 손길을 통해 자각한다. 여행하면서 내 몸에 대해 너무 무지했다는 생각, 내 몸을 소홀히 했다는 생각이 들었다. 단순히 운동하지 않는다거나, 건강을 잘 챙기지 않는다는 차원이 아니다. 나는 그저 여행지의 자극적인 모습을 눈으로 담기만 했을 뿐, 내 몸을 통해 그걸 온전히 받아들일 줄은 몰랐다.

What's your favorite?

카피라이터인 김민철 작가는 여행에서 가장 실용적인 질문으로 'What's your favorite?'을 소개한다. 여행지에서 만난 사람에게 이 질문을 하면, 곧 그가 최고로 여기는 레스토랑이나 카페를 추천해줄 것이다. 그래서 당신의 여행을 가장 완벽하게 만들어주는 질문이라는 것이다. 그렇다면 내가 가장 좋아하는 것은 무엇이냐고 물어본 적이 있는가. 아니, 내가 뭘 가장 좋아하는지 나 자신은 알기나 하는 걸까. 좋아하고 싫어하고는 결국 내 몸의 감각이 결정한다. 내 몸을 제대로 알아야 하는 이유다. 서울에서의 삶은 당연히 내 몸보다 생각이 우선이었다. 남 보기에 좋은 직업, 남보다 높은 연봉, 남의 눈에 괜찮아 보이는 옷차림 같은 것에 더 신경 썼다. 방콕에 와서도 여행책에 나온 랜드마크를 빨빨거리며 돌아다녔다. 서울에 돌아가면 나 방콕에서 여기 다 가봤다고 말을 해야 할 것 같아서다. 그 관광지가, 그 음식이, 그 투어가 내가 정말 좋아하는 것인지는 나에게 묻지도 않았다.

우리는 육체를 통해서만 세상과 관계할 수 있다. 내 몸이 느끼는 오감을 통해서 말이다. 육감적인 도시 방콕은 내가 무엇을 좋아하고 싫어하는지 알아보기 좋은 여행지다. 나는 원래 친구들이 어깨동무하는 것도 피할 정도로 신체 접촉을 싫어했다. 그런 내가 부드러운 타이 마사지를 좋아한다는 걸 처음 알았다. 방콕에는 화려한 볼거리가 많아 시각적 자극이 무궁무진하다는 건 말할 것도 없다. 카오산 로드에 가면 시끄러운 음악 소리가 밤새 쿵쿵대는데, 나는 그것이 견디기 힘들었다. 대신 통통 튀면서도 나긋나긋한 태국어로 사람들이 대화하는 소리가 좋았다. 태국 음식은 맛과 향이 강해 한국 사람들에게 호불호가 갈린다. 나는 거의 모든 태국 음식을 좋아했지만, 매운 음식만큼은 어쩔 수 없었다. 태국 고추의 매운맛은 혀를 때리는 느낌의 매운맛이기 때문이다. 방콕에서 맡은 냄새의 팔 할은 자동차에서 뿜어져 나온 매연이었다. 하지만 나는 공항에 내리자마자 맡은 알싸한 남국의 냄새로 아직도 방콕을 기억한다.

몸이 우선인 방콕 여행

영화 매트릭스는 우리의 정신이 육체를 지배한다는 메시지를 준다. 가상세계인 매트릭스에서 몸을 다치면 현실 세계의 몸에 그 상처가 반영된다. 하지만 몸의 중요성을 깨닫고 나서는 반대로 생각한다. 실은 우리 육체가 정신을 지배한다. 지금까지도 후회하는 건 두 번째 방콕 한 달 살기의 시간이다. 좋지 않은 일로 기분이 다운되어있을 때였고, 이번 나의 목표는 아무것도 하지 않으면서 생각을 정리하고 돌아오는 것이었다. 숙소에 틀어박혀 있거나 겨우 동네를 산책하는 날이 대부분이었다. 가라앉은 정신이 내 몸을 축 늘어지게 했다. 나는 먼저 몸을 회복했어야 했다. 여기서 몸의 회복이란 오감을 충분히 느끼는 것을 의미한다. 더 밖으로 나가고, 더 많은 사람과 이야기를 나눴어야 했다. 더 많은 오감을 경험하면서 내가 좋아하는 걸 찾는 즐거움을 느꼈어야 했다.

누군가 무거운 마음으로 방콕을 찾는다면, 그 기분보다 당신의 몸에 집중하라는 말을 해주고 싶다. 정신은 보수적이고 몸은 진보적이다. 지금의 상황을 바꿔보고 싶다면, 내 몸을 새로운 세계에 던져보자. 몸을 조금만 더 열면 방콕이라는 도시와 더 깊이 교감할 수 있다. 분명 당신의 '최애'를 한가득 찾고, 몸과 마음이 회복되는 방콕 여행이 될 것이다.

고독한 싸움 무에타이,
도움을 청해도 괜찮아

태국의 첫인상, 무에타이

중학교 때 친구가 보여준 K-1 경기를 보고 격투기에 빠졌다. 우리나라에서 K-1 중계를 하지 않아 일본 방송을 인터넷에서 직접 찾아보던 시절이다. 그때 가장 눈에 띈 선수는 태국에서 온 '쁘아까오(부아카오, Buakaw)'였다. 화려한 발기술을 앞세운 실력도 대단했지만, 매 경기 무에타이 전통 의식을 치르는 그의 퍼포먼스가 더 매력적이었다. 무에타이 선수들은 머리에 쓰는 몽콘과 팔뚝에 두르는 프랏치앗이라는 화려한 장식을 달고 입장한다. 영화 '옹박'에서 옹박이 머리와 팔에 두른 것보다 더 화려한 디자인이다. 링에 올라와 와이크루라는 의식을 하는데, 천천히 코너를 돌며 모서리 기둥에 주먹을 정중히 갖다 댄다. 스승에게 존경을 표하고 신에게 승리를 기도하는 의미라고 한다. 전통의식 때문인지 쁘아까오는 돌처럼 단단한 선수로 보였다.

이제 보니, 태국이란 나라를 처음 알게 된 계기가 무에타이였다. 처음 안 태국 사람도 쁘아까오 아니었을까. 격투기를 좋아하는 나는 태국으로 향하면서 무에타이 경기를 가장 기대했다.

쁘아까오 포 프라묵

기대는 컸지만, 경기 관람에 대한 정보는 찾아보지 않았다. 마치 중국의 어느 곳을 가든 사람들이 태극권을 하고 탁구 치는 모습을 항상 볼 수 있듯, 방콕의 길거리 어디든 날 것의 무에타이 경기를 쉽게 볼 수 있으리라 생각했다. 만약 어느 외국인이 서울의 공원마다 태권도를 하는 사람이 있을 거로 생각했다면 얼마나 황당했을까. 나는 방콕에 도착해서야 제대로 된 무에타이 경기를 보려면 정식 경기장에 가야 한다는 걸 깨달았다.

태국 하면 무에타이가 떠오를 정도로, 무에타이는 태국을 대표하는 전통 무술이다. 그 역사는 무려 천 년을 거슬러 올라가는데, 전쟁에서 무기를 사용할 수 없는 상황에 싸울 수 있도록 고안되었다. 그래서 무릎과 팔꿈치를 잘 사용하는 것이 다른 무술과 비교해 두드러지는 점이다. 선수들이 경기에서 무릎과 팔꿈치를 살벌하게 쓰는 모습을 보면, 전투용 무술이 분명하다는 생각이 든다. 무에타이는 왕실의 무술이기도 한데, 오래전부터 왕과 귀족이 배우는 기본 무술이었다고 한다. 태국 역사의 몇몇 왕들은 실제로도 뛰어난 무에타이 선수였다고 한다. 태국의 일반 시민들 역시 주저 없이 무에타이를 태국의 국기(國技)로 꼽는다.

그러나 무에타이가 태국의 전통 스포츠이며, 왕실과 시민 모두 무에타이에 열광하고 신성시한다는 것은, 겉보기에만 그렇다. 한 현지인에게 무에타이에 관해 물었다. 그는 무에타이의 나라에 가졌던 내 환상을 완전히 깨버렸다. 일반적인 태국인들은 무에타이 경기에 큰 관심이 없다고 한다. 무에타이에 열광하는 이들은 아마 도박하는 사람들일 것이라고. 그래도 무에타이를 자랑스러워하지 않느냐고 물었다. 물론 자랑스럽지만, 그것이 국가로부터 세뇌를 당해서 그럴지 모른다고 그는 솔직히 답했다.

한국 남자아이들이 어렸을 때 누구나 태권도를 한 번쯤 배워보는 것처럼, 태국 아이들도 무에타이를 다 배우는 줄 알았다. 하지만 어렸을 때부터 무에타이를 배우는 건 대부분 생계를 위해 뛰어드는 가난한 아이들이라고 한다. 보통 선수 생명도 20대 중반에 끝나는데, 너무 어린 나이부터 경기를 뛰며 몸을 혹사해 일찍 은퇴한단다. 상대적으로 이른 나이에 은퇴해도 200전, 300전이라는 엄청난 전적을 쌓는 게 보통이라고 하니, 몸이 얼마나 만신창이가 될지 알 만하다.

어두운 면만 있는 건 아니다. 최근에는 무에타이 산업의 수익구조도 다양해지고 있다. 펍에서, 혹은 레스토랑에서 무에타이 시범경기를 보이는 것은 옛날식의 쇼 관광이다. 요즘 여행자들은 직접 체험하는 걸 더 선호한다. 그에 발맞춰 나처럼 무에타이에 환상을 가진 외국인 관광객을 대상으로 무에타이 체험을 하는 프로그램이 많아졌다. 체육관에서 원데이 클래스로 무에타이를 배우는 것이다. 하지만 그보다 더 큰 수익은 전 세계에서 오는 무에타이 수련생들일 것이다. 세계 격투기 선수들 사이에서 타격 실력을 키우기 위해 태국으로 무에타이 단기 유학을 떠나는 것이 하나의 트렌드로 자리 잡은 듯하다. 프로 파이터들이 유학을 올 정도면, 무에타이가 세상에서 가장 강한 무술이라는 것도 확실히 증명된 것 아닐까. 비록 대중적인 인기는 없지만, 그리고 어두운 그림자도 존재하지만, 가장 강하다는 무술의 본질을 지켜온 무에타이는 그 생명력을 계속 이어가고 있다.

방콕에서 '찐' 무에타이를 보는 방법

외국인이 많은 관광지 주변에는 야외 레스토랑이나 펍에 링이 있는 곳도 있다. 무에타이 경기로 호객을 하는 것이다. 여행사 사이트에는 아시아티크에서 하는 무에타이쇼 티켓을 판매하기도 한다. 하지만 지나가면서 곁눈질로 슬쩍 본 길거리 무에타이 시범경기는 단지 가벼운 스파링에 불과했다. 영혼이 없었다. 무술이나 격투기에서 말하는 선수의 혼과 혼이 부덮치는 싸움 말이다. 나는 이런 가짜 경기는 보고 싶지 않았다.

람인트라 경기장(왼), 라차담넌 경기장(오)

방콕에서 '진짜' 무에타이 경기를 보는 방법이 몇 가지 있다. 유료지만 가장 최상위급 경기가 펼쳐지는 곳은 '라차담넌 경기장'과 '람인트라 경기장(구 룸피니 경기장)' 두 곳이다. 가격은 모두 좌석 등급에 따라 1,000~2,000바트 사이며, 경기가 열리는 요일이 각각 다르다. 그 중 람인트라 경기장은 '구 룸피니 경기장'이라는 이름 때문에 방콕 중심의 룸피니 공원에 있는 것으로 오해하기 쉽다. 람인트라 경기장은 구글 지도에 'New Lumpinee Boxing Stadium'로 나오며 방콕 외곽인 돈므앙 공항 근처에 있어 접근성이 다소 떨어진다. 그래서 최근에는 카오산로드와도 가까운 라차담넌 경기장을 관광객이 주로 찾는다. 그밖에 MBK(마분콩) 센터에서는 무료로 경기를 관람할 수 있는데, 이벤트가 있는 날만 비정기적으로 경기가 열려 시간을 맞추기가 어렵다. 짜뚜짝 시장에는 태국의 공중파 TV 채널7의 무에타이 경기장이 있다. 일요일 오후에 경기가 열리는데, 무료로 볼 수 있다.

실제로 일요일에 텔레비전 채널을 돌리다 보면 무에타이 경기가 나오는데, 7번에서 이 경기를 생중계하는 것이다.

응원의 열기를 느낄 수 있는 무에타이 경기장

나는 다른 무에타이 경기장을 선택했다. 카오산로드 한복판의 'Muay Thai Super Champ'다. 일요일 저녁마다 경기가 열리며, 무료다. 이 경기 역시 방송국에서 중계하는데, 그만큼 조명도 화려하고 링 아나운서의 열정적인 멘트도 볼만하다. 카오산로드에 위치해 외국인이 많이 찾아서 그런지 경기 사이에 사람들을 링 위로 올려 이벤트 시간을 갖기도 한다. 경기장이 생각보다 작아서 일찍 입장하지 않으면 자리에 앉을 수가 없다. 하지만 공간이 협소해도 화려한 분위기가 연출되고 관광객의 호응도 좋다 보니 축제 같은 분위기가 나서 더 신났다. 이곳 경기는 특이하게도 외국인 선수 vs 태국 선수의 구도로 싸운다. 쇼가 아닌 '찐' 경기지만, 신나는 분위기 때문에 마치 쇼와 진지한 경기 사이의 어디쯤엔가 있는 것 같았다.

	라차담넌	람인트라 (구룸피니)	MBK (마분콩) 센터	채널7	라차담넌
요일	일/월/수/목	화/금/토	비정기 이벤트	일	일
시간	18:30	18:30	미정	14:30	19:00
요금	Ringside 2,000바트 Club class 1,800바트 2nd class 1,500바트 3rd class 1,000바트	무료			
위치	카오산로드 근방, 구글맵 Rajadamnern Muaythai Stadium 검색	돈 므앙 공 항 방면, 구 글맵 New Lumpinee Boxing Stadium 검색	지상철 BTS National Stadium 역, 구글맵 MBK Center 검색	짜뚜짝 시장 맞은편, 구글 맵 Channel 7 Boxing Stadium 검색	카오산 로 드, 구글 맵 Muay Thai Super Champ 검색

세상에서 가장 고독한 곳, 링

눈앞에서 직접 본 무에타이는 확실히 남자의 말초신경을 자극했다. 분위기에 압도되어 나 역시 환호성을 지르며 경기를 봤다. 어릴 때 봤던 쁘아까오처럼 모든 선수가 돌처럼 단단해 보였다. 아니, 그렇게 큰 소리가 날 정도로 맞는데도 버티고 있는 걸 보면 몸 자체가 정말 돌인 것 같았다. 보통 산에 우뚝 솟은 큰 바위를 고독의 상징으로 표현하지 않나. 온갖 함성이 뒤섞인 와중에도 나는 바위 같은 무에타이 선수들을 보면서 그들의 고독한 싸움에 감정이 이입됐다.

무에타이 경기 모습

잠깐이지만 몇 달 정도 복싱을 배운 적이 있다. 어느 정도 자세가 익숙해지면 조금씩 스파링을 하기 시작한다. 나는 고독이라는 단어가 구체적으로 어떤 느낌인지 복싱 스파링을 하면서 처음 피부로 느꼈다. 링 위에는 나와 상대밖에 없다. 나이나 학력, 재산 같은 것들은 링 위에서 아무 쓸모가 없다. 오로지 자신의 힘과 기술밖에는 의지할 게 없다. 초보의 스파

링 상대는 나보다 강한 사람일 수밖에 없는데, 웬 돌덩이와 싸우는 기분이다. 내가 맞으면 돌에 맞은 것처럼 정신이 혼미하고, 운이 좋아 내 주먹이 그에게 닿아도 바위 같은 상대는 아무렇지 않아 보인다. 옆에서 코치가 이런저런 조언을 해주지만 아무 소리도 귀에 들리지 않는다. 어차피 그가 나 대신 싸워주지도 못한다. 시간은 3분씩 3라운드로 정해져 있으며, 그 시간이 지나기 전에는 도망갈 수도, 도움을 청할 수도 없다. 온전히 나 혼자 감당해야 하는 시간이기 때문이다.

도움을 청해도 괜찮아

암 투병을 마치고 다시 방송을 시작한 허지웅 작가의 모습을 봤다. 나는 전에 다른 방송을 통해 그가 열아홉 살 때부터 혼자 힘으로 살아왔다는 걸 알고 있었다. 그때 그의 이미지는 뾰족하고 날카로운 돌 같았다. 세상 모든 풍파를 홀로 견뎌내느라 날카롭게 깎인 듯한, 그런 날카로움이었다. 그랬던 사람이 죽음의 문턱에서 살아 돌아와 자신은 남에게 도움을 청할 줄 모르는 사람이었다고, 도움을 청할 용기가 필요하다고 말한다. 감히 짐작건대, 암 투병이야 말로 도무지 이길 수 없을 것 같은 상대와 링 위에서 싸우는 기분이 아닐까. 평생 고독한 삶을 살아온 그가, 고독의 끝에서 내린 결론은 도와달라고 말할 용기가 필요하다는 것이다.

나도 과거의 그처럼 도움을 요청할 줄 모르는 사람이다. 왜 그랬을까? 곰곰이 생각해보니 그 밑바닥에는 사람에 대한 불신이 깔려있다. 사람을 믿지 못하는 것은 어린 시절부터 성인이 되고 나서까지 켜켜이 쌓인 경험이 프로그램으로 내재되었다. 어린시절부터 이사를 참 많이 다녔는데, 휴대폰도 없던 시절이니 어린아이가 한 번 전학 가면 연락을 이어갈 수도 없다. 나는 그렇게 갑작스러운 관계의 단절을 반복적으로 학습했고, 어차피 1년 후면 끝날 관계라는 것도 잘 알고 있었다. 그래서 내 잘못 때문이든, 친구의 잘못 때문이든, 틀어진 관계를 바로잡을 필요가 없었다. 그렇게 항상 관계는 상대의 잘못인 것으로 결론이 났고, 오해를 풀거나, 나의 잘못에 대해 돌아볼 기회를 얻지 못했다. 내가 말하는 사람에 대한 불신은, 누구의 잘못 때문이든 인간관계는 언젠가 끝난다는 것이었다. 그렇게 나는 링 위에 오른 것처럼 고독을 자처하며 살았다.

강신주 작가는 우리가 고독한 이유는 몰입하지 못하기 때문이라고 말한다. 어린아이는 고독할 이유가 없다. 아이들은 밖에 굴러다니는 돌멩이 하나, 나뭇가지 하나를 가지고도 신나게 논다. 세상 모든 것을 장난감 삼아 놀이에 몰입할 수 있으니 고독할 수가 없다는 것이다. 고독을 그렇게 이해한다면, 무에타이 선수는 절대 고독하지 않다. 격투기 선수들의 인터뷰를 보면, 링에 오를 때 엄청난 아드레날린이 나온다고 입을 모아 말한다. 경기 중에는 맞아도 고통을 잘 못 느낀다는 게 완전히 시합에 몰입했다는 증거다. 경기에 푹 빠졌기에 이기면 세상을 다 가진 듯 기쁘고, 패배하면 세상이 끝난 것처럼 좌절을 느낀다고 한다.

무엇보다 링에 오른 선수는 혼자가 아니다. 링에 오르기까지 자신을 단련시킨 스승과 훈련을 도와준 동료들이 있다. 그들은 경기 중에도 목청껏 소리 지르며 응원한다. 나는 격투기 선수 추성훈을 방송으로 유명해지기 전부터 좋아했다. 그에게 눈길이 간 계기는 독특한 입장 퍼포먼스 때문이다. 보통 격투기 대회에서 선수가 입장할 때 그 선수 한 명에게 온갖 스포트라이트가 다 가도록 퍼포먼스를 구성한다. 하지만 추성훈은 같이 경기를 준비한 스텝들과 일렬로 나란히 서서 등장하곤 했다. 동료들을 존중하며 그들과 함께 싸운다는 의미다. 그러니까 링에 오르는 싸움은 사실 일대일이 아니다. 무에타이 선수는 오직 승리에 몰입해 있으며, 자신이 이길 수 있도록 도와달라고 동료들에게 도움을 청한다. 그 누구도 스승과 동료의 도움 없이 혼자 챔피언이 될 수는 없으니.

나는 왜 그토록 자신을 고독으로 몰아넣었을까. 왜 도와달라는 말을 하지 않고 살았을까. 누구나 살면서 겪는 고독이라지만, 또 빨리 빠져나와야 하는 것도 고독이다. 나 같은 초짜 복서는 애초에 링 위에서 경기에 집중할 수 없었다. '맞으면 아플 텐데, 도망갈 수 없을까, 시간은 얼마나 지났지, 주먹을 뻗어야 하나'. 몰입하지 못하는 고독한 복서는 얻어맞기만 할 뿐이다. 그러나 나와 당신이 어쩔 수 없이 고독에 빠져 있을 땐 주변에 도움을 요청할 줄 알았으면 좋겠다. 고독이라는 건 가만히 있으면 소용돌이처럼 그 안으로 빨려 들어가 버린다. 그런 나를 빼낼 수 있는 건 나 자신이 아니라 타인의 도움이다. 돌덩이처럼 단단한 저 무에타이 선수도 많은 사람의 도움으로 링 위에 올랐다는 사실을 기억하자. 그러니 우리는 도움을 청해도 괜찮다.

PART 2

이방인의 인사이트

연구원의 여행법

텔레비전 프로에서 한 외국인 출연자가 한국을 가장 잘 설명하는 단어로 '경쟁'을 꼽았다. 한국인은 어려서부터 경쟁에 길든 탓에 사회 모든 부분이 경쟁의 원리로 돌아가는 것 같단다. 하다못해 우리는 취미생활도 경쟁이다. 자전거를 즐겨 탄다고 하려면 수백만 원대의 자전거와 장비는 물론이고, 4대강 자전거길 종주 정도는 해봐야 한다. 헬스를 한다면 3대(운동 무게)를 몇백 킬로그램 정도는 들어야 취미라고 말할 수 있는 분위기다. 그래서 사람들은 취미에 (어)린이를 붙여 스스로 자린이, 헬린이라고 부르며 초보라는 것을 적극적으로 강조한다.

여행을 좋아한다는 말을 입 밖으로 꺼내기 시작하면서, 나는 열등감과 딜레마에 빠졌다. 몇 년씩 세계 일주를 하고 돌아온 사람들이 넘쳐난다. 어떤 여행자는 온갖 고난을 겪으며 오지를 탐험하기도 하고, 심지어 원주민과 부대끼며 살아보기도 한다. 또 다른 이는 해외 도시에서 몇 달을 지내며 수많은 현지인 친구를 사귄다. 고급 호텔과 리조트의 멋진 배경 앞에서 사진을 찍으며 사람들의 부러움을 사는 여행자도 있다. 이런 사람들 앞에서 내가 여행을 좋아한다고 말할 자격이 있는지부터 의심스러웠다. 특별한 점도 없는 나의 여행법이 무기력하게 느껴졌다.

"여행은 살아보는 거야"

나는 에어비앤비를 사랑한다. 호텔 방은 대부분 비슷한 구조이며, 휴식에 최적화된 공간이라 일상생활을 하기에는 뭔가 불편하다. 에어비앤비의 형태는 제각각이지만, 모두 사람이 '진짜' 사는 곳이다. 호텔만큼 반짝거리게 깔끔하지는 않을지 몰라도 이런 집은 내가 이곳에서 생활한다고 느끼게 한다. 앞집도, 옆집도 모두 현지인이고, 집 밖을 나가면 동네 사람들이 자주 가는 시장이나 마트, 세탁소와 빨래방이 있다. 어릴 때부터 꿈꿔온 다른 나라에 사는 꿈을 에어비앤비 숙소를 통해 경험할 수 있었다. 나의 여행법이 특별하지 않아 보였던 건 현지인처럼 그냥 일상을 살아보는 여행이기 때문이었나 보다.

동네 골목길을 걸어본다. 걸어봤자 동네 근처니 발길 닿는 대로 걸어도 괜찮다. 나는 길을 잘 아는 편이라 그냥 걸으면 본능적으로 큰길을 찾아버린다. 그래서 최대한 샛길로 빠지려고 집중한다. 뒷골목을 가야 정말 방콕 사람들이 사는 생생한 모습을 볼 수 있기 때문이다.

동네 골목의 국숫집

사실 방콕의 뒷골목은 초라하다. 고작 이십여 분 정도 걸어 들어갔을 뿐인데 큰길 옆 높은 고급 콘도와 엄청나게 비교될 만큼 건물도 거리도 열악한 모습이다. 걸을 수 있는 인도 하나 제대로 없고, 쓰레기는 곳곳에 널브러져 있다. 방콕에는 골목마다 수로가 많은데, 썩은 물과 쓰레기가 뒤엉켜 있다. 그래도 곳곳에 펼쳐진 작은 길거리 식당은 정겹다. 동네 개들이 곳곳에 자리를 펴고 낮잠을 자지만, 사람도 개도 서로를 신경 쓰지 않는다. 아이들이 삼삼오오 골목에 모여 노는 모습은 세계 어디나 똑같은 것 같다. 이게 진짜 방콕 사람들이 사는 모습이다. 비록 내가 보기에 깔끔한 환경은 아닐지라도, 그런 방콕의 민낯을 내 눈으로 직접 보지 않으면 이들의 삶을 영영 공감하지 못할 것이다.

'여행은 살아보는 거야'라는 에어비앤비의 카피는 나의 평범한 여행법을 특별하게 만들었다. 3박 4일, 3박 5일 도깨비 여행을 다닐 때는 살아보는 여행이 특별하다는 걸 몰랐다. 생각해보면 평범한 직장인은 일주일 남짓 휴가를 내기도 어렵다. 겨우 쥐어짠 3~4일의 여행에서 여행지의 일상을 둘러볼 여유는 없다. 효율을 중시하는 우리는 여행마저 경쟁하듯 최대한 많은 것을 둘러보고 돌아와야 하기 때문이다. 방콕에서 한 달 살기를 하는 동안, 그렇게 바쁘게 뛰어다니는 여행자들을 보았다. 방콕의 일상을 사는 나는, 평범해 보이지만 특별한 여행을 하고 있다는 점에 감사한 마음이 생겼다.

수로와 방치된 쓰레기

기록하는 여행

나의 직업은 연구원이다. 국제정치를 전공했고, 지금도 국제협력을 위한 정책 연구를 한다. 논문이든, 보고서든, 무언가 글을 쓰는 게 나의 업이다. 그러나 정작 나의 이야기, 나의 감정을 써본 적은 없다. 첫 번째 방콕 한 달 살기를 다녀오고, 그때 했던 생각을 글로 적기 시작했다. 어렸을 때 썼던 일기 말고 내 이야기를 쓴 건 처음이다. 글을 쓰면서 막연했던 생각이 정리되고, 마음속 응어리 같은 게 해소되는 기분이 들었다. 글을 쓰는 일이 치유의 효과가 있다는 걸 경험했다.

글을 쓰러 들어간 방콕 어딘가의 스타벅스. 너무 더워 테라스에 나가지는 못했다

글을 쓴다는 것, 심지어 여행지에서 글을 쓴다는 것을 너무 거창하게 생각할 필요는 없다. 방콕에 가면서 내 생각을 정리하기 위해 한 달간 글만 쓰기로 했다. 뜨거운 태양이 내리쬐는 방콕의 카페테라스에 앉아 커피 한 잔과 함께 글을 쓰는 상상을 했다. 그러나 생각보다 방콕의 날씨가 무척 좋았다. 그것을 핑계 삼아 게으름을 부렸다. 애초에 여행지에서 글을 완성한다는 건 불가능한 계획이었는지 모른다. 대신 떠오르는 생각들을 낙서하듯 무작정 메모했다.

내 머릿속에는 온갖 생각이 가득하다. 나도 기록형 인간은 아니라서 평소에는 그 상념들을 바로 기록하지는 않는다. 하지만 여행에서 느낀 감정과 생각은 그때가 아니면 완전히 휘발되어버린다. 여행지를 다시 찾아가면 기억이 되살아날지 몰라도 매번 그럴 수는 없다. 지금 보면 아무 말 대잔치인 낙서지만, 그때의 기록이 그때의 내 생각과 감정을 다시 만나게 해준다. 덕분에 오늘도 내가 사랑하는 방콕에 대해 글을 쓴다. 글을 쓰면서 방콕에서의 기억들이 하나둘 떠오르는 건 예상치 못한 선물이다.

누구든 여행지에서 수많은 영감을 떠올린다. 그 생각과 감정을 여행지에서 기록하는 일은 분명 당신의 여행을 더 가치 있게 만들어줄 것이라 믿는다. 아무 말이나 일단 끄적여보는 건 어떨까.

한 나라의 이야기를 알아가는 여행

독서 모임에서 화가 김환기 작가를 접했다. 아는 만큼 보인다고, 그의 삶을 알게 되니 그의 그림을 이해하기 시작했다. 그가 그린 무수한 점들은 아무렇게나 찍은 점이 아니었다. 작은 점 하나에도 그의 인생과 가치관이 담겨 있었다. 그림에 관심을 가지면서 미술을 설명해주는 책 몇 권을 읽었다. 아직 '미린이'에 불과하지만, 설명을 들으면 들을수록 그림이 별거 아니라는 생각이 든다. 그림은 작가가 세상에 뿌려놓은 이해할 수 없는 암호 같은 거로 생각했는데, 그림은 그냥 그 사람의 스토리였다. 뭉크도, 고흐도, 프리다 칼로도 자신의 이야기를 단지 캔버스에 그린 것뿐이었다. 작가의 삶을 알면 왜 그런 그림이 탄생했는지도 자연스레 이해된다.

여행이 내 삶에 아주 작은 변화라도 주기를 기대한다면, 여행지의 스토리 정도는 알고 가야 하지 않을까? 그 나라의 스토리는 역사다. 다른 나라에 가기 전에 그곳의 역사책부터 찾아보는 나는 여행 꼰대인지도 모르겠다. 꼭 책이 아니라도, 그 나라의 역사를 다룬 유튜브나 다큐멘터리도 재미있다. 화가의 스토리를 알면 그림이 다르게 보이듯, 역사를 알고 가면 그 나라 사람들의 삶이 보인다. 무엇보다 현지인과 교류를 하고 싶다면, 그들의 역사를 조금이라도 공부하는 게 예의라고 생각한다. 태국의 역사에 관해 이야기하고, 궁금한 점을 물어보는 나에게 그들은 한없이 친절했다.

방콕 국립박물관

방콕 국립박물관은 카오산 로드 근처에 있다. 우리의 국립중앙박물관이나 런던의 대영박물관 같은 으리으리한 박물관을 기대했다면, 방콕 국립박물관은 솔직히 그에 못 미친다. 그래도 방콕에서 가장 좋았던 곳을 하나 고르라면, 나는 주저 없이 박물관이라고 말한다. 아무리 책과 영상으로 봤어도, 역사 자료와 유물을 실제로 보는 건 느낌이 다르다. 생소한 역사일수록 그 유물도 독특해 보이는 게 더 아름답다. 특히 나는 옛 시대의 모습을 재현한 모형을 좋아한다. 모형으로 재현을 해놓으면 글로만 읽었던 그 시대를 눈으로 보는 기분이다.

국왕 행차에 사용했던 가마들

전쟁 모형도

박물관에서 무엇을 강조하는지를 보는 것도 관전 포인트다. 박물관 공간은 아무렇게나 만들지 않는다. 중요한 것, 사람들에게 가장 보여주고 싶은 것을 중심으로 공간을 기획한다. 방콕 국립박물관을 둘러보면 역시 이 나라는 불교와 왕의 나라라는 걸 알 수 있었다. 태국은 일찍 불교를 받아들인 탓에 불교와 관련된 유물이 많다. 가장 흔한 게 불상이고 불탑이니 말이다. 또한 박물관이 아주 넓은 편이 아닌데도 건물 하나는 왕의 가마가 자리를 차지하고 있다. 푸미폰 전 국왕이 사용했던 가마부터 최근 새로 즉위한 와찌랄롱꼰 국왕이 대관식에 썼던 가마까지 있다. 온통 황금으로 덮인 이 가마들은 호화스럽기 그지없다. 지금 시대에도 가마를 탄다는 게 조금 어색하게 느껴지기도 했고, 예쁘지만 너무 큰 가마들을 굳이 이곳에 전시해놓아야 했을까 하는 의문도 들었다. 하지만 그제야 깨달았다. 이곳은 왕국이고, 1782년부터 오늘까지 통치자인 짜끄리 왕조가 다스리는 나라라는 것을 말이다. 건국된 지 100년도 안 된 '새' 나라에서 온 나에게 이토록 왕실을 강조하는 모습은 색다르게 느껴진다.

서점 여행

나는 다른 나라의 이미지를 그들의 문자로 기억한다. 처음 외국의 공항에 도착할 때도 그 나라의 문자를 보고서야 외국에 왔음을 실감한다. 지금도 방콕 하면 거리의 간판에 있는 태국어 글자가 가장 먼저 떠오른다. 꼬불꼬불한데, 자세히 보면 정갈한 태국 문자는 왠지 느긋하면서도 개인의 자유를 존중하는 태국인의 국민성과도 닮았다는 생각이 든다. 내 눈에는 그림처럼 보이는 글자지만, 서점에 가서 그 그림 같은 글자에 둘러싸이는 걸 좋아한다. 어차피 읽을 수는 없으니 그림 보듯 책을 감상하기만 할 뿐이다.

글자 감상을 끝내면, 이제는 정말 책을 읽어보려고 한다. 외국에 나가기만 하면 영어가 친근해진다고 했던가. 그나마 읽을 수 있는 영어로 된 책을 찾아본다. 그중에서도 태국 역사책을 주로 집어 든다. 한국에서는 인기 없는 제삼 세계 역사라 그런지 자료가 풍부하지 않아 아쉬웠다. 현지 서점에 있는 태국 역사책을 펼치면 더 많은 사진과 지도가 내 눈을 사로잡는다. 학창 시절, 나는 아무도 보지 않는 사회과 부도의 지도와 자료 사진을 진심으로 재미있게 보곤 했다. 그런 나에게 현지의 역사책은 보물창고다. 지도에 달린 영어로 된 약간의 설명을 읽을 수 있어 참 다행이라는 생각을 하면서 말이다.

방콕 오픈 하우스 서점

방콕의 오픈 하우스(Open House)라는 서점은 매우 흥미로운 공간이었다. 오픈 하우스는 플론칫(Phloen Chit)역 근처 센트럴 엠바시(Central Embassy) 쇼핑몰 6층에 있다. 이곳은 라이프스타일 서점으로 유명한 일본의 '츠타야' 서점과 매우 비슷하다. 눈이 휘둥그레질 만큼 인테리어가 고급스러워서 서점이라는 생각이 들지 않을 정도다. 하지만 한 번은 펼쳐보고 싶은 예쁜 책들이 공간 곳곳에 놓여있다. 서점에 왔으니 처음에는 이런저런 책에 정신이 팔리지만, 곧 예쁜 소품, 그리고 그 안에 있는 카페와 레스토랑에 서서히 눈이 간다. 예쁜 책으로 둘러싸인 이 매력적인 공간에 있으면 커피 한 잔 마시고, 밥 한 끼 먹고 싶다는 생각이 자연스럽게 든다. 참고로 이렇게 고급스러워 보이는 공간은 보이는 만큼 음식이 비싸긴 하다. 마치 나를 책이라는 미끼로 낚아 다른 걸 소비하게 만드는 기분이다. 하지만 괜찮다. 예쁜 책을 실컷 볼 수 있었으니 그곳에서 밥을 먹고 커피를 마시고 싶은 생각도 든 것이니까.

다사(DASA) 북카페는 여행자들에게도 유명한 곳이다. 이름은 북카페지만, 실은 헌책방이다. 커피도 마실 수 있는데, 좁은 공간이 온통 책으로 가득 찬 탓에 카페처럼 여유롭게 앉아 쉬기는 어렵다. 운 좋게 1층 테이블에 앉아 책을 보며 커피 한잔할 수 있다면 얼마나 좋을까 상상만 해봤다. 책을 좋아하는 사람들에게 이곳은 보물창고다. 특히 새 책보다 헌책이 끌리는 나 같은 사람에게는 더 그렇다. 책방에는 외국인들이 많이 찾을 정도로 영어로 된 책이 많은데, 몇 권 사고 싶다는 생각이 들자 정말 읽을 수라도 있는 영어로 된 책에 손이 갔다. 한국에서는 쉽게 찾을 수 없었던 태국의 사회와 문화, 역사, 그리고 방콕에 관한 책을 몇 권 골랐다. 얼마나 집중해서 책을 골랐는지 점심 먹고 한낮에 들어간 책방에서 해가 뉘엿뉘엿할 때쯤 나왔다. 이제 서울에서는 찾아 보기 힘든 헌책방이라 그런지 몰라도 남국에서 맡는 헌 책의 냄새는 정겨우면서도 이국적이었다.

방콕 시내에 있는 헌책방 다사(DASA) 북카페

방콕에서 일반적인 대형서점을 가고 싶다면 키노쿠니아(Kinokuniya) 서점이 가장 알맞다. 이름에서 알 수 있듯 일본계 체인점이다. 사실 방콕에는 서점 그렇게 많지는 않다. 쇼핑몰마다 하나씩 있기는 해도, 정말 작은 책방에 불과한 규모다. 대형 서점에 익숙한 우리 눈에는 키노쿠니아가 거의 유일하게 서점다운 서점이다. 친구에게 선물하고 싶은 책이 있어 시암 파라곤(Siam Paragon) 쇼핑몰의 키노쿠니아를 찾았다. 책을 검색하는 컴퓨터가 없어서 조금 당황했지만, 직원에게 문의하니 친절하게 책을 찾아주었다. 만약 내가 방콕에 살았다면 새로 나온 책을 사기 위해 키노쿠니아에 자주 들르지 않았을까 하고 생각했다. 책을 사면서 받은 책갈피가 마음에 들었는데, 서울에 돌아와 잃어버렸다. 책갈피를 핑계 삼아 다시 방콕에 가고 싶은데, 언제쯤이나 돌아갈 수 있을지 모르겠다.

키노쿠니아 시암 파라곤점

요즘 명상을 배우고 있다. 명상에서는 내가 호흡에 집중하지 못하고 딴 생각을 했을 때 '아, 호흡에 집중해야지'라는 생각을 하는 게 아니라고 한다. 그보다, 내가 다른 생각을 하고 있다는 사실을 알아차리는 것이 더 중요하다. 그리고 다른 생각을 하는 나를 온전히 받아들이라고 한다. 현지인처럼 살아보기, 글쓰기, 역사 공부하기, 서점 가기. 이 모두 특별할 것도 없는 여행법이다. 그렇지만 중요한 건 나는 이 특별할 것 없는 여행법을 좋아한다는 것이다. 잠시 짬을 내서 떠난 여행이야말로 내가 좋아하는 게 무엇인지 알아차릴 수 있는 시간이다. 그리고 당신이 좋아하는 그것을 온전히 받아들여 보길 바란다. 여행에서 좋아하는 일을 한다면 내가 본 방콕과는 전혀 다른 당신만의 방콕을 만날 것이다. 방콕은 모든 가능성이 열린 도시이자, 누구든 포용하는 도시니까.

어떻게 방콕의 교통 체증까지 사랑하겠어

나는 방콕을 사랑하지만 이것 하나만큼은 정말 싫다. 바로 교통체증. 방콕의 교통체증은 최악이다. 첫 방콕 여행 때 택시를 타고 숙소에서 시내 중심가인 아속 역까지 1시간 만에 도착했다. 거리로는 6km, 지하철을 타면 20분 정도 걸리는 거리다. 그것도 러시아워와 상관없는 대낮에 말이다. 길 한복판에 멈춰 선 택시 안에서 무슨 일이라도 생겼나 하고 벙 쪄있었다. 방콕에서 미니밴을 타고 후아힌에 간 적도 있다. 후아힌까지 3시간이 걸렸는데 방콕을 벗어나는 데만 2시간 가까이 걸렸다. 이 정도면 결론이 나온다. 방콕에 차가 많아도 너무 많다는 게 문제다. 방콕의 차량 등록 대수가 850만 대라고 하는데, 서울은 300만 대다. 단순 비교만 해봐도 방콕에 차가 얼마나 많은지 알 수 있다.

교통 체증을 심화하는 3가지 요인

안 그래도 비좁은 보행로를 다 차지해야만 했을까?

결론적으로 방콕의 교통이 이렇게 엉망진창인 이유는 대중교통 시스템이 열악하기 때문이다. 그런데 그나마 있는 대중교통도 시민들이 기피하는 경향이 있다. 먼저 날씨 문제다. 더운 나라 사람들일수록 더운 걸 극도로 싫어한다. 지하철역이나 버스 정류장까지 일단 걸어야 하는데, 한 사람 겨우 지나갈 만큼 좁은 인도를 5분만 걸어도 온몸이 땀으로 흠뻑 젖는다. 지나가는 수많은 차가 뿜어내는 매연 먼지를 뒤집어쓰는 건 덤이다. 언제, 어디서 오토바이가 튀어나올지도 모른다. 일 년 중 1/3이 우기인데, 배수도 잘 안 된다. 길에 물이 차면 오도 가도 못한다. 이걸 뚫고 유유히 제 갈 길을 가는 현지인 리스펙트. 이러니 어디를 가든 차를 타고 주차장 to 주차장을 선호할 수밖에 없다.

두 번째는 차가 그 사람의 지위를 나타내는 문화 때문이다. 자동차로 그 사람의 클래스(?)를 나누는 건 우리나라도 같지만. 이런 문화가 생긴 데는 환경적 요인도 클 거다. 애초에 땅이 넓어서 이동하는 데 자동차가 필수였을 것이다. 여기에 빈부격차가 심한 나라일수록 으레 자동차로 부를 과시하는 경향이 심하지 않은가. 꽤 비싸다는 콘도미니엄을 가봤는데, 고급 차들이 즐비해 쫄았다. 정작 집은 10평. 카푸어가 당연한 곳이다. 이곳 나라님들이야 기사가 운전해주는 고급 차를 타고 다닐 테니 교통 문제를 해결하겠다는 의지가 나올 구석이 없을 것이다. 그래서일까? 횡단보도가 있어도, 사람이 길을 건너도 개의치 않고 속도를 밟는 차를 보면 보행자를 열등한 존재로 인식하는 것이 이미 내재화되지 않았나 하는 생각이 든다.

MRT 지하철 요금표(왼), 방콕 BTS 지상철(오)

마지막으로 방콕 교통 헬 게이트의 중심, 대중교통이다. 위에서 말한 날씨, 문화 탓에 시민들이 대중교통을 기피하는 경향이 있다고 했다. 하지만 대중교통 자체가 열악한 것이 가장 큰 문제다. 여기서 대중교통이 열악하다는 건 거의 모든 문제를 말한다. 방콕 시내 구석구석을 다 커버하지 못할 정도로 인프라 자체가 미비하고 환승이 되지 않는 등 이용자를 위한 시스템이 부족하다. 요금도 물가에 비해 비싼 편인데 특히 여러 교통수단을 환승하면 교통비가 기하급수적으로 비싸진다. 이러니 차라리 차를 사는 게 장기적으로 이득이라 너도나도 무리해서라도 차를 사는 것이다.

방콕에서도 어느 지역에 사는지에 따라 이용하는 교통수단이 천차만별이다. 내가 방콕에서 주로 이용한 대중교통은 택시, 지하철, 오토바이 택시다. 수상 보트와 운하 보트도 이용했지만 도로 교통체증과는 무관하니 제외하고 살펴보겠다.

택시

편하고 쾌적하다. 외국인 관광객 입장에선 요금이 꽤 싸다. 하지만 현지인들이 매일 택시를 타다가는 파산한다. 사실 외국인 관광객 입장에서도 교통체증을 온전히 느낄 수 있어 요금대비 효율이 높다고 생각하진 않는다.

지하철

빠르다. 노선이 확실해 이용하기 쉽다. 그러나 아직 방콕 시내의 극히 일부만 커버한다. 노선도 BTS와 MRT 두 개, 여기에 파생된 연장 노선과 공항철도까지 치면 5개밖에 없다. 다른 노선으로 환승도 안 된다. 당연히 버스 환승도 없다. 시내 중심지 수쿰윗(Sukhumvit) 역에서 왕궁이 있는 사남 차이(Sanam Chai) 역까지 거리는 약 10km, 지하철 요금은 35바트(1300~1400원)가 나온다. 다른 수단으로 환승해서 기본요금 다시 낼 것 생각하면 비싸다.

지하철 역 앞에 오토바이 택시 승강장이 있다

오토바이 택시

단거리용으로 많이 이용한다. 지하철역이나 쇼핑몰에서 집까지 갈 때 주로 탄다. 빠른 대신 위험하다. 사고 나는 장면을 몇 번 눈으로 봤다. 거리가 늘어나면 요금이 확 뛴다. 이미 지하철까지 탄 상황이라면 오토바이 택시 요금까지 추가하기 부담스럽다. 나는 지하철역에서 집까지 1km 거리였는데 오토바이 택시 요금은 15바트(500-600원)이다. 시내에서 집까지 5km 거리였는데 지하철 1000원, 오토바이 500원 해서 1,500원 정도 들었다. 교통비가 그 정도는 들지 않나 생각할 수 있겠지만 태국 물가에 비하면 비싸다.

TERMINAL21

방콕의 교통체증에서 얻은 힌트

방콕에 한 번이라도 가 본 사람이라면 다들 이런 생각 해봤을 거다. '와 뭔 놈의 차가 이렇게 많냐.' 맞다. 방콕 교통 문제의 핵심은 자동차다. 방콕의 교통 문제를 해결하기 위해 적극적으로 대중교통 인프라를 확장하고 환승이나 요금 등의 시스템을 개선해야 한다. 그래서 시민들이 차 대신 대중교통을 타게 만들어야 한다. 대중교통이 편해져야 비싼 자동차세를 물리든 해서 강제적으로 자동차 수를 줄일 수 있지 않겠는가. 방콕은 그 매연 때문에라도 자동차를 줄여야 한다.

방콕의 교통체증을 보면서 역설적으로 서울의 교통 문제를 해결하는 방법이 너무 쉽게 떠올랐다. 차가 너무 많다. 자동차를 줄여라. 어떻게? 도로를 더 넓히자고 하지는 말자. 이 비싼 땅에 무슨 차도인가. 일본처럼 차고지 증명제를 시행하거나 싱가포르처럼 차 값의 두세 배를 세금으로 때리는 수도 있다. 벌써 차주들의 아우성이 들린다. 자동차 수를 줄이는 가장 현실적인 방법은 대중교통을 늘려 교통체증을 유발해 차를 가지고 나오지 못하게 만드는 것이다. 오해하지 마시라, 일부러 교통체증을 유발해서 교통체증을 완화하는 건 최신 교통관리기법이다. 더 많은 시민이 더 쾌적한 환경에서 대중교통을 이용할 수 있다는데 그깟 자가용 교통체증이 대수라고.

교통체증은 단지 불편한 차원의 문제가 아니다. 안전을 위협하기 때문에 심각하다. 방콕, 마닐라, 뉴델리 등 교통체증이 심한 도시가 난폭운전으로도 유명하다. 차가 막히니 아주 작은 틈이라도 빨리빨리 비집고 들어가려다 사고가 난다. 태국의 2019년 교통사고 사망자 수는 1만 3천 명이 넘는다. 매일 45명이 교통사고로 죽는 셈이다. 한 해 부상자만 75만 명에 달한다. (2019년, 우리나라 교통사고 사망자 수는 3,349명이다) 아무리 이런 도로 상황에 숙달한 현지인이라지만, 방콕 사람들이 신호등도 없는 횡단보도를 건널 때마다 아찔하다. 방콕 아이들의 안전은 오죽할까. 태국의 한 시민단체는 학교 앞 보행 안전을 위해 직접 횡단보도를 그렸다. 공중에 떠 있는 것 같은 착시 효과를 일으키는 횡단보도다. 횡단보도가 운전자 눈에 잘 띄어 멈출 수 있도록 한 것이다. 보행사고 문제가 얼마나 심각했으면 시민이 직접 나섰을까. 대부분의 방콕 사람들은 교통체증 문제에 거의 체념한 상태인데, 문제를 해결하려는 시민의 자발적 노력에서 한 줄기 희망을 보았다. 부디 안전한 방콕을 위해 교통체증이 점차 나아지길 바란다.

태국이 일본 속국이나 마찬가지라고?

태국이 친일이라고?

'태국은 일본 속국이나 마찬가지라 태국 여행을 가면 그 돈이 다 일본 주머니로 들어간다. 그러니 태국 여행도 보이콧해야 한다.'라는 댓글을 본 적이 있다. 그것도 베트남과 태국의 축구 경기를 다룬 기사에서. 베트남과 태국의 축구 경기가 동남아의 한일전이라 불릴 만큼 치열한 데다 묘하게 한국과 일본 감독이 각각 팀을 맡고 있어서 그런지 남의 나라 경기에도 애국심과 반일감정을 숨길 수 없나 보다. 대댓글로 '맞다, 태국 가보니 온통 일본 브랜드 천지에 태국인들도 일본을 찬양하더라.'라고 간증하며 태국의 패배를 기원하는 글이 달렸다. 남의 나라 축구 경기에 이런 댓글이 달린 게 쌩뚱맞지만 태국과 일본의 관계가 매우 좋은 건 사실이다.

태국에서 거의 50미터에 하나씩 보이는 일본계 편의점

왜색 짙은 태국, 다 이유가 있다

1960년대부터 일본 자동차기업들이 태국에 진출하기 시작했다. 일본의 태국 진출 역사가 길다 보니 방콕에 사는 일본인도 많고 일본인 거리도 있다. 태국 내 일본인 수는 2017년 기준 약 7만 2천 명, 방콕에만 5만 2천 명이 있다. (한국 교민 약 2만 명, 방콕 약 1만 5천 명) 주로 일본 기업에서 일하는 사람들이고 통로나 에까마이 같은 부자 동네에 거주한다. 이곳은 방콕의 강남 같은 곳이다. 일본인 거리라 불리는 타니야(Thaniya)로드는 홍등가다. 왜 이곳에 일본인을 대상으로 하는 유흥가가 생겨났는지는 모르겠지만, 일본인을 대상으로 하는 홍등가가 존재한다는 것만으로도 이 도시와 일본의 깊은 관계를 알 수 있다.

일본인 거리라 불리는 타니야(Thaniya) 로드

이 많은 도요타는 대체 어디서 왔을까?

무엇보다 방콕에 처음 오면 일본 자동차에 압도당한다. 어떻게 이 비싼 일본 차가 거리를 가득 메울 수 있지? 태국에 일본 자동차공장이 많다. 일본은 1960년대부터 자동차 해외생산기지로 태국을 선택했다. 태국은 제조업 성장에 일자리도 늘리고, 일본은 값싼 노동력에 수출까지 편하니 윈윈 아닌가. 태국에서 생산된 자동차는 태국 내수뿐 아니라 다른 동남아국가와 호주, 일본 본토까지 수출된다. 현재 태국은 세계 12위권의 자동차 수출국이다. 그런데도 자국 자동차 브랜드는 타이렁(Thairung)이라는 회사 하나밖에 없다. 하지만 일본 자동차의 점유율이 90%에 육박하고 일본 차를 써온 역사도 길어서 그런지 태국인들은 일본 차를 거의 자국 브랜드로 여기는 듯하다.

시국이 좀 그렇긴 하지만, 그 시절에 동남아 시장의 잠재력을 알아본 일본의 안목은 놀랍다. 지금은 전 세계적 저성장 시대인 데다 글로벌 기업들 모두 신흥시장개척에 사활을 걸고 있지 않은가. 이런 때 신흥시장 한복판에 '친일'국가 하나 있는 게 얼마나 큰 이점인가. 그런데 단순히 일본이 태국을 콕 찍어 투자한 것만은 아니다. 일본의 기본적인 외교 기조가 대외원조라고 부르는 ODA 외교다. 특히 제3세계, 그중에서도 아시아지역에 원조를 집중했다. 일본은 원래 평화를 지향하는 나라고 아시아의 빈곤 문제를 해결하기 위해 도움을 주었다고 자평한다. 뭐 그건 공식 문에나 쓰는 말이고, 전후 복구를 하면서 자신들의 경제성장을 위해서, 또 전범 국가라는 이미지를 희석하고자 제3세계 국가들을 도왔다고 보는 게 객관적이지 않을까. 다른 꿍꿍이가 있든 없든 일본의 대외원조 액수는 세계 4위다. 태국이 받은 대외원조의 70~80%가 일본 돈이다. 이런 식으로 일본이 동남아시아에 꾸준히 공을 들여온 것은 분명한 사실이다. 그 덕에 최근에는 일본이 동남아국가의 인프라 시스템 수주를 꽉 잡고 있다.

너는 누구에게 한 번이라도 매력적인 사람이었느냐

한국에 관심이 많은 태국 친구가 있다. 요즘 한국 사람들이 태국을 싫어한다는데, 그 이유가 일본과 친해서인 게 맞냐고 물었다. 그렇다고 대답해 주었지만 나 역시 이해가 안 가는 이유다. 다행히 태국과 베트남 축구 기사에 달린 수준 높은 댓글을 발견했다. 태국이 일본을 좋아한다고 욕만 할 게 아니라 어떻게 일본이 태국을 자기편으로 만들었는지 알아보고 반대로 우리 편으로 만들어야 할 것 아니냐는 말이었다.

지하철을 비롯한 많은 태국의
인프라가 일본 자본으로 지어졌다

'소프트파워'라는 개념이 있다. 이제는 힘이 아니라 매력이 있는 나라가 다른 나라를 자기편으로 끌어들일 수 있다는 뜻이다. 일본이 태국에 이 정도 공을 들였으면 태국인들 입장에선 충분히 매력적이지 않은가? 다른 동남아 국가들도 같은 매력을 느끼지 않을까? 반대로 우리는 그들에게 얼마나 매력적인 나라일까? 강대국 말고 다른 나라들에도 매력발산을 해야 한다는 필요성을 느끼기는 할까? 외모가 원빈, 정우성이 아닌 이상 상대가 첫눈에 내 매력을 느낄 수 없다. 매력을 보여주려면 시간과 정성을 들여야 하는 법. 우리가 어떤 제3세계 국가, 혹은 동남아국가에 그런 정성을 보였는지 나는 떠오르지 않는다.

동남아국가들에 한국은 여전히 이익만 뽑아 먹고 내빼는 먹튀 이미지가 있다고 한다. 비슷한 이유로 중국도 마찬가지 취급을 받는다. 이런 뼈 있는 비판은 한국 사람들 귀에 들리지 않는가 보다. 우리는 여전히 케이팝이면, 드라마만 있으면 아세안(ASEAN) 사람들이 한국을 좋아할 거라고 낙관한다. 안타깝게도 많은 태국인이 한국 여행에서 그 환상을 깨고 돌아온다. 불친절과 차별 같은 것 때문이다. 방콕에서 나쁜 짓을 하는 소수 한국 사람들도 한몫한다. 매력은 화려한 겉모습과 잘난 척이 아니라 진정성에서 나온다. 당신이 방콕이라는 도시를 좋아한다면, 그 사람들을 진정으로 존중하는 것만으로 충분하다. 우리 여행자 한 명 한 명이 내뿜는 긍정적인 매력이 곧 한국의 매력이 될 것이라 믿는다.

왕과 쿠데타,
이상한 나라의 태국 정치

왕이 승인하지 않으면 실패로 끝나는 태국의 쿠데타

태국에 대한 첫 기억은 대학교 전공 수업 시간이었다. 보통 정치외교학과의 수업은 교수가 그 주에 있었던 정치 이슈를 짧게 평론하며 시작된다. 당시 핫이슈는 재벌 출신 탁신(Thaksin) 총리를 쫓아낸 태국의 쿠데타였다. 교수의 설명에서 가장 흥미로운 건 쿠데타와 왕의 관계였다. 태국에서는 쿠데타를 일으켜도 마지막에 왕이 승인하지 않으면 실패한 쿠데타가 되고, 주동자는 망명을 떠난다. 사실 태국이라는 나라에 대한 인식 자체가 없었기 때문에 이 나라가 왕국이라는 것도 그때 처음 인지했다.

어쨌든 태국의 쿠데타는 교과서에서 배운 것과는 전혀 다른 모습이다. 쿠데타는 무력으로 정권을 빼앗는 것이다. 애초에 누군가의 승인이 필요한 일이 아니다. 그리고 입헌군주국의 왕은 정치에 직접 개입하지 않는다. 하지만 이 나라에서는 쿠데타가 숱하게 일어나면서도 마지막 성공 여부는 입헌군주인 왕이 결정한다. 인정받지 못하면 땡깡부리는 것 없이 조용히 물러나 버린다. 이때 태국은 참 독특한 정치 문화를 가진 나라라는 이미지가 머리에 박혔다.

화려한 방콕 왕궁, 그래 이 나라는 부유했어!

방콕의 왕궁은 관광객들이 가장 많이 찾는 관광지다. 사람이 너무 많아서 발 디딜 틈이 없다는 말을 실감하게 된다. 왕궁을 둘러보며 드는 강렬한 인상은 화려하다는 것. 단순히 건물이나 동상에 붙은 금장식 때문만은 아니다. 건물은 제각각 화려한 양식을 뽐내며, 높이 솟은 지붕과 첨탑은 호화롭기 그지없다. 그렇다. 잊고 있었지만 원래 이 나라는 부유했다. 태국은 지난 수백 년 간 동남아의 패권을 쥐었던 국가였을 뿐 아니라 각종 물자가 풍부한 나라였다. 왕궁의 화려한 모습만 봐도 왕실의 힘이 얼마나 강력한지 알 수 있을 정도다. 왕실을 지지하는 태국 국민의 충성심은 강력하고 부유했던 과거 역사에서 비롯된 게 아닐까 싶다.

입장부터 발 디딜 틈 없는 왕궁

인파 속에서도 왕궁의

화려함은 가려지지않는다

왕과 쿠데타의 묘한 관계

태국의 정치체제는 대표적 입헌군주국인 영국, 일본과 비슷하다. 국왕은 국가원수지만 정치에 개입하지 않는다. 의회 다수당 대표인 총리가 행정부 수반이 되어 정치를 이끈다. 태국, 영국, 일본 모두 의회는 상원과 하원이 있는 양원제를 채택한다. 하지만 정권을 잡는 다수당은 하원의 다수당을 의미한다. 태국의 입헌군주국 시스템은 1932년 군인 출신 피분 송크람이 쿠데타로 라마 7세를 쫓아내며 시작되었다. 이후 태국에서는 지금까지 19번의 쿠데타가 일어났고, 그런 만큼 정권은 대부분 군부가 장악해왔다.

이렇게 보면 왕실과 군부의 관계는 참으로 묘하다. 군이 전제 왕정을 종식했지만, 입헌군주 앞에서는 바짝 엎드리는 모양새를 취한다. 공들여 쿠데타를 성공시킨다 해도 왕이 허락하지 않으면 곧장 짐을 싸고 물러나야 한다. 그렇다고 쿠데타를 일으키지 않는 게 아니다. 약 80년간 19번이나 쿠데타가 일어났고 군부가 실질적인 권력을 잡았다. 그런데 또 대부분은 평화로운(?) 무혈 쿠데타다.

입헌군주인 듯 입헌군주 아닌…

먼저 입헌군주가 쿠데타를 승인하는 근거는 태국의 헌법 조항에서 찾아

볼 수 있다. 헌법 1조 3항에 다음과 같은 문구가 포함되어 있다.

Sovereign power belongs to the Thai people. The King as Head of State shall exercise such power through the National Assembly, the Council of Ministers and the Courts in accordance with the provisions of the Constitution.

(주권은 태국 국민에게 있다. 왕은 국가 수장으로서 그러한 권력을 의회, 내각, 그리고 헌법 조항에 따라 행사해야 한다.)

입헌군주제라고 하기에, 그리고 법조문이라고 하기에 매우 모호한 말이다. 어쨌든 쿠데타가 일어난 국가 위기 상황에 국왕이 개입할 수 있는 근거가 된다. 그렇다 해도 왕실의 실질적 힘이 없다면 저 애매한 법 조항은 사장될지도 모른다. 태국 왕실이 국민의 절대적 지지를 받을 뿐 아니라 실질적인 권력까지 행사할 수 있는 건 전적으로 푸미폰 전 국왕 개인의 카리스마 때문이라고 본다. 푸미폰 국왕의 정치적 업적으로 1973년 민주화 운동 때 왕실 문을 열어 학생 시위대를 구출한 일이 있다. 또 1992년 민주화 운동이 일어났을 때는 시위대와 진압군을 중재하기도 했다. 여기에 재임 초부터 민생 행보를 적극적으로 했는데, 직접 낙후지역을 돌아다니며 서민과 함께 생활했던 모습이 지금도 태국인들에게 각인 되어있다. 또 빈곤 구제를 위한 각종 개발 프로젝트를 왕실이 직접 주도했다. 오늘날 태국 커피가 유명해진 것도 전통적 낙후 지역인 동북부 산악지방에서 주로 재배하던 아편을 이 프로젝트를 통해 커피 재배로 전환했기 때문이다.

물론 푸미폰 국왕에 대한 비판도 있다. 그의 재위 기간에는 총 15회의 쿠데타가 일어났는데, 승인하지 않은 것은 6건에 불과하다. 그 역시 어느 정도는 군부를 이용해 왕권을 강화하려 했을 것이다. 반대급부로 태국의 민주주의는 후퇴할 수밖에 없었다. 그를 대신해 약간의 변명을 해보자면, 애초에 국왕이 정치에 개입할 수 있는 엄청난 권한을 헌법에 넣은 것이 잘못이다. 현대화 과정에서 전제군주제를 깔끔하게 청산하지 못한 탓이다. 태국 스스로 민주화를 이루지 못한 것도 원인이다. 어쨌든 실권은 군부가 쥐고 있는 상황에서 왕이라고 그들을 거부할 수 있겠는가. 한편으로는 군부가 얼마나 정권을 꽉 쥐고 있었으면 신격화된 국왕조차 그들과 타협했을까 싶다.

인기 없는 왕과 군부의 공생관계

더 큰 우려는 새로 즉위한 현 국왕, 라마 10세다. 이미 왕세자 시절부터 그가 벌인 일탈은 유명하다. 더 이야기했다가는 나도 왕실 모독죄로 더는 태국에 가지 못할까 봐 걱정되니 각자 구글링 해 보기 바란다. 보수적인 태국 국민들에게 그는 인기가 전혀 없다. 과거와 달리 이제는 태국 사람들도 길에서 대놓고 왕의 뒷담화를 한다. 오히려 인기 많은 라마 10세의 여동생이 왕위에 올라야 한다는 여론도 상당했으니 여전히 불안할 것이다. 국민에게 인기 없는 왕이 기댈 곳은 현실 권력 밖에 없다. 군인 출신 쁘라윳 짠오차 현 총리와 궁합이 딱 맞은 듯 보인다. 이미 2017년 개헌을 통해 상원에도 총리 선출 투표권을 부여했다. 상원의원은 전원 정부가 '지명'하고 국왕은 시원하게 승인해주었다. 2019년에 있었던 태국 총선에서 쁘라윳 짠오차 현 총리는 상원의 몰표를 받아 가까스로 연임할 수 있었다.

'가까스로'라는 표현에서도 알 수 있듯이 군인 출신 현 총리도 인기가 없다. 왕실의 정통성과 군부의 힘, 이 두 가지는 인기 없는 두 지도자에게 서로 필요한 것이다. 이 둘은 이제 서로를 지켜주는 공생관계로 발전하지 않을까. 어쨌든 둘 다 태국의 민주화를 원하지 않는다는 게 안타깝다.

태국의 민주화를 응원하며

2018년 12월에 처음 태국 땅을 밟았다. 택시를 타고 공항을 빠져나와 시내로 들어가면서 가장 인상 깊었던 것은 건물 곳곳에 걸린 왕의 사진과 초상화였다. 심지어 어떤 건물은 벽면 한쪽을 왕의 초상화로 도색하기도 했다. 생각해보니 왕이든 최고지도자든, 누군가의 사진을 도시 여기저기 걸어놓은 나라는 태국이 처음이었던 듯하다. 사실 처음엔 새로 즉위한 왕의 얼굴도 제대로 몰랐다. 온통 황금색으로 칠해진 그림에서 그가 왕일 것이라 짐작만 할 뿐이었다. 그때까지만 해도 태국사람들이 새 국왕을 꽤 좋아하는 줄 알았다.

태국 사회통합의 상징, 푸미폰 국왕

태국 현대사에서 빼놓을 수 없는 인물이 2016년 서거한 푸미폰 아둔야뎃(Bhumibol Adulyadej) 전 국왕(라마 9세)이다. 푸미폰 국왕은 태국의 세종대왕이라 불리는 쭐랄롱꼰(Chulalongkorn) 대왕(라마 5세)의 손자다. 왕자인 그의 아버지가 미국에서 유학하던 시기에 태어났다. 아버지가 학업을 마친 후 귀국했으나, 37세의 이른 나이에 세상을 떠나고 말았다. 푸미폰 왕의 가족은 다시 스위스로 떠났고, 대학을 마칠 때까지 그곳에 머물렀다. 1932년, 태국에서 쿠데타가 일어나고 절대왕정이 무너진다. 이제 입헌군주 시대가 열린 것이다. 군부는 푸미폰의 형인 아난타 마히돈(Ananda Mahidol, 라마 8세)을 왕위에 앉혔지만, 즉위 후 1년 만에 총기사고로 사망한다. 이어 1946년에 동생 푸미폰이 라마 9세로 즉위한다.

막스 베버는 정당한 지배를 하는데 3가지 권위 유형이 있다고 한다. 전통적 권위, 법적 권위, 카리스마적 권위다. 푸미폰 왕의 일생을 보면, 개인의 카리스마로 땅바닥에 떨어져 있던 왕의 권위를 높였다. 군부의 꼭두각시로 뽑힌 어린 왕이 결국에는 태국 사회를 하나로 묶는 상징적 존재가 되어버렸다. 푸미폰 국왕이 전 국민적 존경을 받은 건 그의 온화한 성품과 민생 행보 때문이다. 그의 젊은 시절을 보면, 소박한 차림으로 오지 산간을 직접 찾아다니는 흑백사진이 많다. 가난한 사람들과도 거리낌 없이 스킨십하는 모습을 볼 수 있다. 60년대 태국의 낙후지역을 재건하기 위한 왕실개발계획을 직접 챙기는 모습이다. 태국의 대표적인 낙후지역이 동북부 '이싼' 지방이다. 고산족이 사는 산악지대인데, 이들의 화전 농업 때문에 산림이 파괴가 심각했다. 또 가난한 지방이다 보니 아편 재배의 유혹에 쉽게 노출되었다. 왕실개발계획이 이싼 지역에 아편 대신 다양한 상품작물, 특히 커피 재배를 독려했다. 여기서 재배된 커피가 모이는 곳이 북부에서 가장 큰 도시 치앙마이고, 치앙마이가 커피로 유명해진 계기가 되었다.

사건의 시작, 새 국왕의 스캔들

새로운 나라에 가면 습관처럼 숙소 텔레비전을 계속 켜놓는다. 혼자 있으니 적적하기도 하고, 내용을 알아듣지는 못해도 그 나라의 색이 흠뻑 묻은 영상을 보는 재미도 있다. 방콕에서 텔레비전을 보면서 가장 흥미로웠던 건 매일 나오는 왕실 뉴스다. 아마 저녁 5시에서 6시 사이였던 걸로 기억한다. 역사 교과서에서나 봤던 대한뉴스처럼 15~20분간 왕실 소식만 들려주는 프로그램이 매일 똑같은 시간에 나왔다. 다른 문화를 존중은 하지만, 지금 같은 시대에 매일 같은 시간에 왕을 칭송하는 방송이 웬 말인가 싶었다.

처음 태국에 갔을 때만 해도 왕에 관해 이야기하는 것을 쉬쉬하던 분위기였다. 여전히 태국에는 왕실 모독죄가 있고, 외국인도 예외 없이 징역형을 받을 수 있다. 현지 친구들은 조용한 목소리로 현 국왕의 기행과 소문에 대해 말해주었다. 외국에서 정체불명의 여인과 괴상한 옷차림으로 돌아다니는 사진이 파파라치에 찍힌 적도 있다. 자신의 애완견 생일 파티에서 세 번째 부인에게 반라로 바닥에 엎드려 생일 케이크를 먹게 한 사건도 충격이었다. 사생활이라지만, 이혼만 세 번째다. 보수적인 태국 사회에서 여성 편력을 받아들이기 어렵다. 최근에는 네 번째 부인과 후궁 사이의 스캔들로 시끄러웠다. '왕의 배우자'라는 칭호를 주면서 후궁을 들였지만, 얼마 후 그녀의 모든 지위를 박탈해버린다. 그리고서는 다시 복권을 시키는데, 언론은 왕비와 후궁 사이에 암투가 있었을 것으로 추정한다.

순둥이 방콕 시민들의 분노

두 번째로 방콕을 찾은 게 2020년 1월이었다. 일 년 사이에 국왕에 대한 여론이 훨씬 나빠졌다. 이제는 친구들이 주변 사람을 의식하지도 않고 왕을 욕하기 시작했다. 일 년 만에 분위기가 너무 달라져서 오히려 내가 말조심해야 하는 것 아니냐며 쉬쉬할 정도였다. 내가 방콕에 돌아오기 전, 젊은이들이 국왕과 정부에 극심한 반감을 갖게 된 사건이 있었다.

2019년 3월에 태국 총선이 있었는데, 쿠데타의 주역이었던 쁘라윳 짠오차 총리가 계속 집권하게 되었다. 부정선거 의혹도 제기되었고, 무엇보다 젊은 층의 지지를 받던 신생 정당 퓨처포워드당(Future Forward Party)이 선전해 제3당이 되었으나 석연찮은 의혹으로 강제 해산되었다. 군부 정권을 정면으로 비판하고 나선 데다 퓨처포워드당을 지지하는 젊은 세력의 힘이 예상보다 컸기 때문에 초기에 싹을 자른 것 같다. 이 문제로 방콕 젊은이들은 화가 단단히 났다.

세계적 에너지드링크 기업인 레드불은 태국의 찰레오 유비디아(Chaleo Yoovidhya)와 오스트리아의 디트리히 마테쉬츠(Dietrich Mateschitz)가 공동창업했다. 약사였던 찰레오 유비디아가 원조 레드불 음료를 만들어 팔고 있었는데, 디트리히 마테쉬츠가 태국에 출장 왔다가 이 음료를 접하고 동업을 제안한다. 유럽 사람들의 입맛에 맞게 변형해서 출시한 것이 지금의 레드불이다.

태국에서 파는 원조 레드불

그러다 타오르는 청년들의 분노에 기름을 끼얹는 일이 발생했다. 레드불 가문의 손자인 오라윳 유위티야가 2012년에 음주운전 뺑소니로 오토바이를 탄 경찰관을 치어 죽인 사건이었다. 당시 그는 보석으로 풀려나 해외로 도망갔는데, 정부가 조직적으로 이 사건을 무마하려고 시도한 정황이 드러났었다. 이 사건이 최근 다시 회자 되면서 시민들의 분노가 극에 달했다.

군부독재와 거기에 기대려는 인기 없는 왕, 재벌의 유전무죄가 겹치며 드디어 태국 시민들이 분노를 드러냈다. 심지어 코로나가 급속히 퍼지자, 국왕은 수십 명의 후궁과 함께 독일로 떠났다. 관광으로 먹고사는 나라에서 관광 수입이 뚝 끊겼는데, 왕은 민생에 관심도 없이 도망가버린 것이나 다름없다. 2020년 8월, 방콕의 인문사회과학 명문대인 탐마삿대 학생들이 먼저 반정부 시위를 시작했다. 여기서 그간 금기시되었던 왕실 개혁 요구가 나왔다. 진정한 입헌군주로서 왕실이 정치에 개입하지 말라는 것이다. 시위대는 쁘라윳 짠오차 총리의 퇴진, 개헌, 군주제 개혁, 세 가지를 요구하고 있다. 동조한 시민들이 힘을 보탰고, 시위는 전 방콕으로 퍼져 2021년 초인 지금까지 이어지고 있다.

독재 반대를 의미하는 세 손가락 경례

세 손가락 경례는 영화 '헝거게임'에서 차용했다. 영화에서 이 경례는 독재에 저항한다는 의미로 사용되었다. 태국에서는 2014년 쿠데타가 일어났을 때 처음 사용된 이후 군부에 저항하는 상징으로 자리 잡았다. 젊은 세대가 SNS를 통해 이번 시위를 조직한 만큼 그들의 공감을 끌어내기 좋은 제스처다. 세 손가락 경례가 시위의 상징이 된 것만 봐도 젊은이들이 시위를 주도한다는 것을 알 수 있다.

사람 위에 사람 있고, 사람 밑에 사람 있는 사회

나는 태국 시민들이 성역으로 여겼던 권위에 도전한 것이 가장 기쁘다. 처음 이 나라의 정치와 사회에 관심을 가지기 시작했을 때 답답한 마음이 컸기 때문이다. 미소의 나라답게 원래 국민성 자체가 친절한 것일 수 있다. 하지만 항상 과하게 느껴지는 친절함에 왠지 모르게 마음이 약간 불편했다. 과도한 친절을 별로 좋아하지 않는 내 성격 탓일지도 모르겠다. 여행자가 가장 많이 접하는 태국인은 서비스업 종사자들일 텐데, 이들의 친절함은 단순히 손님보다는 상전을 대하는 느낌이 강했다. 특히 최상류층을 뜻하는 '하이쏘(hi-so, high society)' 이야기를 하면, 내가 '체념의 정서'라고 부르는 태국인 특유의 정서가 느껴졌다. 태국은 대표적으로 빈부격차가 심한 나라다. 상위 1%가 전체 소득의 67%를 차지할 만큼 심각하다. 더 절망적인 건 이 문제를 보는 젊은 사람들의 인식이었다. 대부분 그런 하이쏘는 자신들과 다른 세상 사람들이라고 생각하며, 오히려 우러러본다. 과도한 불평등이 문제라는 건 알지만, 그 문제를 왜 문제 삼아야 하는지는 모르는 것이라고 나는 생각했다.

냉정하게 말해서 태국은 민주주의를 겪어본 적이 없다. 절대왕정이 무너지고 들어선 군부가 지금까지 정치를 지배해왔다. 중간에 일어난 여러 번의 쿠데타는 군부 내부의 갈등일 뿐이다. 군부는 국왕의 전통적 권위가, 인기 없는 왕은 군부의 실권이 필요하다. 서로 기대는 윈윈전략이다. 경제와 사회는 하이쏘가 독차지했다. 하이쏘의 위상은 마치 중세시대 유럽 귀족 같다. 사람 밑에 사람 있고, 사람 위에 사람 있다는 게 당연한 사회를 만들었다. 그들 사이에 평범한 시민이 낄 자리는 없었다.

이제는 사람들이 하이쏘의 정점에 있는 왕을 대놓고 험담한다. 이들이 권위에 도전했다는 사실이 기쁘다. 그리고 진정한 민주주의를 원한다. 민주주의는 백성이 스스로를 다스린다는 것인데, 그동안 소외당했던 평범한 시민이 스스로 다스리겠다고 목소리를 내고 있다. 물론, 앞으로 갈 길이 험난하다. 왕조 국가로부터 내려온 견고한 하이쏘 카르텔이 과연 무너질까? 방콕과 방콕 바깥은 다른 세상인데, 다른 지역의 지지를 얻을 수 있을까? 그렇지만 시민들이 자신들에게 왕이 왜 필요한지 근본적인 의문을 던졌다는 점이 혁명적이라고 생각한다. 이번 민주화 운동을 계기로 당연한 게 당연하지 않다는 걸 모든 방콕 시민이 느끼길 바란다. 코로나 때문에 몇 년 뒤에 방콕에 갈 수 있을 것 같다. 다시 방콕을 찾았을 때, 그들의 미소와 친절함이 자신을 낮추는 데서 나오는 것이 아니길 바란다. 나는 방콕 시민들이 자신이 이 나라의 주인이 되었다는 자부심에서 나오는 미소를 보고 싶다. 그날을 위해, 태국의 민주화를 진심으로 응원한다.

축구에 진심인 나라

태국에서 가장 인기 있는 스포츠는 뭘까? 태국 하면 무에타이(무아이타이)를 가장 먼저 떠올리겠지만, 최고 인기 스포츠라고 말하기는 조금 그렇다. 태국의 젊은이들이 생각하는 무에타이는 아저씨들의 스포츠다. 한 나라의 전통무예가 관광객을 위한 이벤트, 그리고 도박으로 유지되고 있다는 점이 씁쓸하다. 체감하기로는 태국에서 가장 인기가 많은 스포츠는 축구다. 텔레비전 어느 한 채널에서는 꼭 축구 중계가 흘러나온다. 마치 유럽의 도시처럼 커다란 스크린으로 축구 경기를 보여주는 펍도 흔하다. 태국 사람들이 '한국' 하면 케이팝과 드라마를 얘기를 가장 많이 해서 그렇지, 남자 중 꼭 한 명 정도는 손흥민의 안부를 나에게 묻곤 한다. 이 나라, 알고 보면 축구에 진심이다.

프리미어리그를 사랑하는 나라

태국에서 영국 프리미어리그(EPL)의 인기는 폭발적이다. 과거에는 맨체스터 유나이티드나 리버풀 같은 세계적인 명문 클럽이 인기를 독차지했다. 그러나 지금은 EPL을 즐겨 보는 사람들이 너무 많아져서 응원하는 팀이 제각각일 정도라고 한다. 우리나라에서는 박지성 선수가 한국인 최초로 프리미어리그에 진출하면서 사람들이 해외 축구에 빠져들기 시작했다. 온라인에서는 박지성 선수 때문에 해외 축구를 보게 되었다며, 해외 축구의 아버지라는 뜻의 '해버지'로 통한다. 반면에 아직 EPL에 진출한 태국 선수는 한 명도 없다. 그런데도 태국에서 유독 EPL의 인기가 높은 건 태국인 구단주의 영향도 있을 것이다. 태국 재벌이자 수상도 역임했던 탁신 친나왓(Thaksin Shinawatra)은 2007년에 맨체스터 시티를 인수했다. 우리가 태국에서 유심을 바꿀 때 보는 AIS 통신사를 창업한 사람이다. 다만 오랜 시간 구단을 소유하지는 않았다. 과거 탁신이 리버풀을 인수하고 싶다는 뜻을 내비친 이력 탓에 맨체스터 시티의 팬들은 그를 달가워하지 않았기 때문이다. 결국 탁신은 1년 만에 구단을 되팔았다.

이렇게 외국 자본이 축구팀을 인수하면 팬들은 그리 달가워하지 않는다. 해외 기업이 유럽 축구 클럽을 인수하는 것은 보통 두 가지 목적이다. 팀을 쥐어 짜내서 실질적인 이익을 얻어내거나, 천문학적인 돈을 풀어서 팀을 모기업의 마케팅용으로 사용하려는 목적이 크다. 유럽의 축구팀은 강한 지역 정체성을 바탕에 두는데, 오히려 팀이 세계적으로 유명해지면 지역색이 옅어질 것을 우려하는 것이다. 그런데 이런 선입견을 날려버린 사람이 있다. 레스터 시티의 태국인 구단주 비차이 스리바다나프라바(vichai Srivaddhanaprabha)다. 2018년, 비차이는 헬기 추락 사고로 안타깝게 세상을 떠났다. 소속 선수뿐만 아니라, 레스터 시티의 팬과 지역 주민들은 그의 죽음을 진심으로 슬퍼하며 애도했다. 축구에 열광한 탓에 항상 구단과 날을 세우는 전형적인 유럽 축구 팬과 사뭇 다른 모습이다. 어떤 이유에서일까?

비차이는 태국 킹파워(King Power) 면세점 창업주다. 태국 여행을 다녀오는 사람들이 꼭 하나씩 가져오는 그 킹파워 쇼핑백이다. 그는 묵묵히 레스터시 지역사회를 위해 일했다. 병원 설립을 위해 거액을 기부하고, 지역 행사나 자원봉사에도 적극적으로 참여했다. 홈팬과 원정 응원을 떠나는 팬들에게 필요한 음식이나 경비를 제공하기도 했고, 홈경기마다 직접 경기장을 찾았다. 이런 선행도 팀의 성적이 좋지 않다면 다 소용없을 것이다. 비차이는 다른 외국인 구단주처럼 돈을 물 쓰듯 쓰지는 않았다. 대신 부채를 줄이고 수익을 안정화해 구단 재정을 튼튼히 했다. 그러면서도 적재적소에 공격적인 투자를 감행해 필요한 선수들을 데려왔다. 결국 2015~2016 시즌, 레스터 시티는 프리미어리그 우승을 차지한다. 하위권을 전전하던 팀, 한물갔다는 평가를 받은 노장 감독, 하위 리그에서 뛰었던 무명의 선수들이 동화 같은 우승 스토리를 만들었다. 레스터 시티는 이제 만년 약체에서 벗어나 두 번째 우승까지도 넘보는 강팀이 되었다. 자신이 없어도 지속해서 축구를 잘하는 팀을 만드는 게 비차이의 꿈 아니었을까.

동남아 축구의 지각변동

최근 박항서 감독의 인기에 힘입어 한국에서도 베트남 축구에 대한 관심이 높아졌다. 베트남 축구에서 빠질 수 없는 상대가 태국이다. 박항서 감독이 이끄는 베트남 축구팀이 2018년 스즈키컵에서 태국을 물리치고 우승을 차지하자 베트남 사람들은 박항서 감독에 열광했다. 그도 그럴 것이, 말이 라이벌이지, 베트남에게 태국은 넘기 어려운 큰 산이었기 때문이다. 태국 축구는 꽤 오랫동안 동남아 맹주 자리를 놓치지 않았다. 동남아 팀들이 겨루는 스즈키컵에서도 역대 가장 많은 5회 우승을 차지한 태국이다. 여러 국제 대회에서 태국은 베트남보다 한 단계 높은 레벨로 평가받았다. 그러나 근 몇 년 간 베트남에게 밀리는 게 확실하다. 이제 피파 랭킹도 베트남이 태국을 추월했으니 말이다.

그래도 자국 리그와 클럽팀의 실력은 여전히 태국이 한 수 위다. 아시아 축구팀들은 '아시아챔피언스리그(ACL)'라는 국제대회에서 승부를 겨룬다. 태국 클럽팀은 우승권에서 멀지만, 간간이 강팀의 발목을 잡는 역할을 한다. 강호로 분류되는 한 · 중 · 일 팀들이 이제는 결코 태국팀을 만만히 볼 수 없을 정도다. 산술적으로는 태국팀을 반드시 잡아야 하지만, 필승을 보장할 수는 없는 상황이랄까. 특히 태국으로 원정 경기를 떠나면 덥고 습한 날씨에 강팀들이 고전하는 모습을 자주 보인다. 여기에 열광적인 팬들의 응원까지 더해져 ACL에서 태국 원정은 늪으로 묘사된다.

피파 랭킹 100위에도 들지 않는, 객관적으로 아시아에서도 약체로 분류되는 태국 축구다. 그런데 ACL에서 클럽팀이 꽤 좋은 성적을 내는 건 높은 인기 덕이다. 자국 리그인 태국 프리미어리그의 명문 팀, 부리람 유나이티드와 무앙통 유나이티드의 경기에는 기본 2~3만 명의 관중이 몰린다. 참고로 2019년 우리나라 K리그의 평균 관중 수는 약 8,000명이었다. 인기 있는 곳에 돈이 몰리는 법. 태국의 축구 클럽은 인기를 등에 업고 아시아 축구 시장의 큰손으로 불린다. 자국 선수들의 왜소한 체격과 빈약한 공격력을 메우기 위해 태국 팀들은 좋은 외국인 용병을 골라내는 탁월한 능력을 갖추게 되었다. 아프리카와 남미에서 가성비 좋은 선수들을 발굴해 ACL 무대에 선보이고, 중동이나 중국 리그로 수출하기도 한다. 다수의 한국 국가대표급 선수들도 태국 프리미어리그에서 활약해왔다. 과거에는 K리그 주전 경쟁에서 밀린 베테랑 선수들이 재기를 위해 태국을 찾았지만,

요즘은 젊은 선수들도 먼저 태국 리그 진출을 타진할 정도다. 높은 연봉과 팬들의 응원 때문에 축구 할 맛이 난다는 게 선수들의 평가다.

라자망갈라 스타디움의 추억

나는 태국의 축구 열기를 경기장에서 직접 느껴보고 싶었다. 마침 내가 방콕에 있을 때 '2020 AFC U-23 챔피언십 대회'가 태국에서 열렸다. 태국의 홈경기를 보지는 못했지만 대신 결승전인 한국 대 사우디아라비아의 경기를 방콕에서 볼 수 있었다. 제3국에서 열린 결승전이라 경기장에는 온통 한국 사람밖에 없었다. 방콕에 있는 모든 한국 사람이 다 축구를 보러 온 게 아닌가 하는 생각이 들 정도였다. 방콕에 있을 때만이라도 한국 사람을 마주치고 싶지 않았지만, 축구 앞에서는 어쩔 수 없었다. 사랑과 재채기는 숨길 수 없다는데, 나에게는 축구도 그런가 보다. 축구를 볼 때만큼은 같은 팀을, 같은 말로 응원하는 사람들이 반가웠다. 이날 치러진 경기는 한국이 승리를 거두었다. 우승 세리머니를 하며 관중석으로 온 선수들은 응원해줘서 고맙다고 큰소리로 외쳐주었다. 스포츠 경기에서 우리 팀이 우승하는 장면을 처음으로 목격한 내게는 더 감동이었다.

람캄행 대학교 캠퍼스의 모습

돌이켜봐도 가슴을 두근거리게 하는 그날의 경기는 라자망갈라 국립 경기장(Rajamangala Stadium)에서 열렸다. 태국에서 가장 큰 경기장으로 큰 국가 이벤트나 국가대표 경기가 주로 열리는 곳이다. 라자망갈라 경기장은 방콕 동쪽에 위치하는데, 커다란 경기장만 떡하니 있는 게 아니다. 바로 옆 람캄행 대학교(Ramkhamhaeng University)와 붙어있다. 람캄행 대학교는 태국 대학 순위 10위권에 드는 명문대로 캠퍼스가 아름답다. 캠퍼스 곳곳에서 학생들이 졸업 사진을 찍는 모습, 체육대회를 하는 풋풋한 모습을 보는 건 색다른 재미다. 우리나라의 대학가와 비슷하게 학교 주변에 작고 아기자기한 가게들이 많아 몇 시간 일찍 와서 돌아보길 잘했다는 생각이 들었다. 경기장 주변은 마치 서울의 올림픽공원 같다. 스타디움 주변으로 각종 실내체육관과 수영장, 그리고 공원이 펼쳐져 있다. 뻔한 관광지보다는, 하루쯤 람캄행대 캠퍼스와 경기장의 공원에서 시간을 보낸다면 남들은 모르는 방콕을 느낄 수 있을 것이다.

라자망갈라 스타디움에서 한국과 사우디의 결승전이 열린 날

태국 축구의 발전을 기원하며

태국 축구가 발전하면서 선수들의 해외 진출도 이어지고 있다. 가장 핫한 선수는 차나팁 송크라신(Chanathip Songkrasin)이다. 태국인 최초로 일본 J리그에 진출했고, 지금은 팀의 에이스로 자리 잡았다. 그의 뒤를 이어 티라실 당다(Teerasil Dangda), 티라톤 분마탄(Theerathon Bunmathan)도 J리그에 진출했다. J리그는 이 선수들 덕에 이역만리 태국에서 큰 인기를 얻고 있다. 이 선수들의 소속팀 유니폼이 불티나게 팔린단다. 덩달아 J리그는 태국에 꽤 높은 가격에 중계권료를 판매하고 있다. 송크라신 같은 선수만 발굴할 수 있다면, 그 팀은 흙 속의 진주를 캐낸 동시에 황금알을 낳는 거위도 얻는 셈이다.

K리그도 최근 동남아 쿼터를 적용했다. 원래 한 팀당 외국인 선수 3명, 아시아 국적 선수 1명까지 총 4명을 보유할 수 있다. 여기에 아세안(ASEAN) 국적 선수 1명을 추가로 더 보유할 수 있는 제도다. ACL 대회에서 태국 선수들의 기량을 검증한 K리그 구단들도 동남아 쿼터에 맞춰 태국 선수를 물색해왔다. 하지만 예상보다 높은 몸값에 태국 선수 영입이 쉽지 않다고 한다.

태국 구단은 이미 아시아의 큰손으로 불릴 정도로 자금력이 탄탄하다. 그래서 돈보다 구단주의 자존심이 선수 해외 진출의 걸림돌이라는 게 안타까울 따름이다. 태국의 축구팀은 잦은 인수 · 매각으로 역사가 그리 길지 않다. 정 · 재계 유명인들이 축구 클럽을 자신의 영향을 과시하는 수단으로 사용하기 때문이다. 태국 리그를 이끄는 두 강팀, 무앙통 유나이티드와 부리람 유나이티드도 그렇다. 시암 스포츠라는 대기업이 2007년에 무앙통을 인수했고, 네윈 치드촙이라는 정치인이 2009년 부리람을 인수하면서 두 팀은 태국 리그 최강 팀으로 변모한다. 두 구단의 자존심 싸움이 엄청나서 우승을 뺏기지 않기 위해 태국 최고의 선수들을 모조리 수집한다. 이제 아시아 레벨로 성장한 선수들이 더 큰물에서 놀아야 발전하는 게 당연한 이치이지만, 개인적 자존심이 먼저인 돈 많은 구단주는 굳이 선수의 앞날까지 걱정하지 않는다. 그 외 중소구단 역시 지역 유지나 재벌이 구단주로 있는데, 작전 지시에 관여할 정도로 구단주의 간섭이 심하다고 한다. 선수 입장에서도 더 낮은 연봉과 대우를 각오하면서까지 굳이 외국에 나가려고 하지는 않는 것 같다. 누군가에게는 돈이 문제가 아닌데, 또 다른 누군가에게는 돈이 문제인 아이러니한 상황이다.

적어도 우리보다 축구에 더 진심인 태국 사람들이다. 이 정도 축구를 향한 열정이라면 지금보다 더 나은 축구 실력, 더 좋은 성적을 얻을 자격이 있다고 생각한다. 알을 깨고 나오기 위해서는 위험과 손해를 감수하더라도 더 높은 무대에 진출해야 한다. 부디 태국의 전도유망한 젊은 선수들이 지금의 부와 명예에 안주하지 않기를 바란다. 한 사람의 태국 축구 팬으로서 그들이 더 높은 자리에 도전하고 향상된 기량으로 태국 국민을 즐겁게 해주길 바란다.

미녀와 밤문화의 나라라는 오명

다른 세상, 방콕의 홍등가

방콕 자전거 투어를 하면서 같은 그룹의 외국인들과 친해졌다. 그중 혼자 여행을 온 내 또래의 폴란드 남자가 있었다. 처음 방콕을 방문한 그는 도심에서 교통이 편해 보이는 나나 지역의 호텔을 숙소로 잡았다. 관광을 마치고 택시를 타고 숙소에 돌아갈 때마다 기사가 여자를 찾냐고 물어본단다. 택시뿐만 아니라 밤만 되면 호텔 주변의 호객꾼들이 뷰티풀 레이디가 많다며 달라붙어 성가시다고 했다. 대체 왜 그러는지 태국인 가이드에게 물었다. 그는 단지 자신이 백인이기 때문에 그런 것으로 추측하고 있었다. 현지인 가이드는 나나역 주변에 홍등가가 있어서 외국인 관광객에게 호객을 하는 것이라고 설명해주었다. 그 폴란드 남자는 자신이 홍등가 근처에 숙소를 잡았다는 것을 그제야 알게 된 것이다.

파타야의 워킹 스트리트

사실 나는 파타야가 더 충격적이었다. 첫 태국 여행 때 방콕에 이어 파타야를 방문했는데, 순전히 방콕에서 멀지 않은 바닷가 휴양지에 가고 싶었기 때문이다. 가이드북에 나오는 워킹스트리트라는 곳이 단순히 번화가인 줄로만 알았다. 저녁을 먹고 관광을 하려는 가벼운 마음으로 워킹스트리트에 갔다가 눈이 휘둥그레졌다. 거리 자체가 음식점과 술집, 유흥점이 복잡하게 섞여 있는 거대한 복합형 홍등가였다. 그곳에서 혼자 온 외국인 남자는 야한 옷차림을 한 호객꾼의 좋은 먹잇감이었다. 호객 여성들에게 둘러싸였다가 도망치듯 그곳을 빠져나온 기억이 있다.

그렇다. 가 본 사람은 알겠지만, 파타야는 유흥과 환락의 도시다. 많은 남자 관광객들이 이상한 기대를 안고 파타야로 향한다. 한번은 예약한 호핑투어(Hopping tour)에 가려고 아침에 여행사에서 보낸 썽태우(미니버스)를 탔다. 나 다음으로 썽태우에 오른 네 명의 젊은 한국 남자들이 지난밤의 무용담을 늘어놓기 시작한다. 네 파트너는 어땠냐, 내 파트너는 어떻더라, 그러느라 잠을 몇 시간 못 잤다, 어디가 물이 좋다더라, 오늘은 거기로 가자. 공항 식당에서도, 심지어 화장실에서도 하룻밤 만난 여자 이야기를 신나게 떠드는 걸 직접 들었다.

미녀의 나라라는 오명

태국을 수식하는 표현 중 하나가 미녀의 나라다. 이 수식어의 이면에는 돈으로 미녀를 쉽게 살 수 있는 나라라는 부정적 이미지가 숨겨져 있다. 결국 미녀의 나라라는 이름 때문에 피해를 보는 건 태국 여성들이다. 미녀를 만나러 전 세계에서 몰려드는 관광객들로 인해 실제 매춘을 하는 여성은 그 착취의 굴레에서 벗어나기가 더 어려워진다. 매춘하지 않는 일반 여성들에게도 큰 피해를 주는데, 외국인이 현지 여성을 모두 매춘부 혹은 쉬운 여자로 생각해 일상적 성희롱에 시달리게 한다. 이런 국제적 오명으로 인한 성희롱이 엉뚱한 곳에서도 나타난다. 한 태국인 친구는 한국 여행을 왔다가 하룻밤에 얼마냐고 묻는 한국 남자들을 길거리에서 몇 번이나 만난 적이 있다고 한다.

왜 태국은 섹스 관광의 중심이 되었을까?

60년대와 70년대 사이 베트남 전쟁을 계기로 태국의 성매매 산업이 국제적 명성을 얻었다. 태국이 베트남 전쟁에서 미군의 후방기지로 활용되며 매춘이 성행하기 시작했다. 파타야도 이 시기에 개발되었다. 본래 파타야는 작은 어촌에 불과했는데, 베트남 전쟁 참전 미군의 인기 휴가지가 되었고 미군 철수 후에도 국제적인 향락의 도시로 변해갔다. 원래 태국 정부는 한참 매춘 산업이 성장하기 시작했던 1960년에 성매매를 불법화했다. 하지만 정부는 미군을 상대로 한 매춘을 묵인했을 뿐 아니라, 미군이 철수하고 나서도 관광산업 발전의 일환으로 섹스 관광을 암묵적으로 장려했다.

한 가지 흥미로운 사실은 통계상 태국의 성매매 종사자 수가 1990년 86,494명을 정점으로 계속 줄어들고 있다는 것이다. 반대로 성매매 업소의 숫자는 늘고 있는데, 성매매 여성들이 반 프리랜서 형태로 전환했기 때문이다. 쉽게 말해 개인이 자유롭게 업소에 출퇴근하면서 업주에게 수수료를 주는 방식이다. 혹은 방콕의 홍등가나 파타야 해변에서 볼 수 있듯이, 길에서 직접 호객행위를 통해 성 매수자를 만나는 방식도 많이 증가했다. 이런 형태는 통계에 잡히지 않는다. 이제는 카오산 로드 클럽에 있는 현지인 여성들의 상당수가 백인 고객을 노리는 성매매 여성들이라고 한다. 그런 곳에서 본인이 인기가 많은 줄 알고 우쭐하지 말자. 어차피 그녀는 가격을 제시할 것이니 말이다.

그런데 왜, 다른 동남아국가보다 태국의 섹스 관광이 유명해졌을까? 경제적인 이유와 태국의 모계 문화에 있다고 본다. 물론, 국가 차원에서 미군, 그리고 외국인 관광객 대상의 섹스 산업을 조장한 측면이 있다. 그럼에도 내국인, 즉 태국 남성 성 매수자의 비율이 압도적으로 많을 수밖에 없다. 그건 1980년대부터 태국의 경제가 호황을 맞이하며 가처분 소득이 증가한 것이 하나의 배경으로 작용했을 것이다.

경제적인 이유야 객관적 사실이라 쳐도, 모계 문화가 성 산업을 부추겼다는 점은 아이러니하면서도 더 비극적이다. 태국이 모계 중심 사회라는 것은 많이 알려진 사실이다. 그런데 여기서 핵심은 남성의 무책임이다. 관습적으로 여성은 아내이자 어머니, 그리고 딸로서 가사뿐 아니라 가족을 부양할 의무까지 진다. 남성의 역할은 크지 않은데, 그렇기 때문에 가족 부양의 책임도 없다. 동남아 패키지여행에서 가이드가 이곳은 모계사회라 남자들은 놀고 여자들만 일한다고 설명해주는데, 바로 그 맥락이다. 성매매에 종사하는 여성 중 '이싼'이라는 동북부 지방 출신이 많은데, 이싼은 태국에서 가장 낙후된 지역이다. 그러니까 가난한 시골 여성들이 가족을 부양하기 위해 방콕으로 넘어와 매춘에 종사하는 것이다. 실제로 이들을 인터뷰한 연구를 보면, 가족들도 자신이 성매매 한다는 사실을 알지만 그렇지 않으면 굶을 수밖에 없으니 어쩔 수 없다고 토로한다. 물론 그 배경에도 역시 방콕과 지방의 불균형 발전, 태국의 엄청난 빈부격차라는 경제적 요인이 깔려 있다.

이 비극적인 산업이 발달하는 데 한국인도 큰 보탬이 되고 있다. 2013년 발표된 한국형사정책연구원의 보고서에 따르면, 동남아 성매매 관광의 외국인 1위가 한국인이라고 한다. 나 역시 처음 태국에 간다고 했을 때, 남성 지인들로부터 '좋은 데 가네', '재미있는 거 하러 가?'라는 말을 많이 들었다. '동남아 관광=섹스 관광'이라는 공식이 한국 남성들 사이에 만연하다는 증거다. 이게 결과적으로는 한국 여성들에게도 큰 피해를 줄 수 있다는 점도 지적하고 싶다. 섹스 관광을 경험한 남성들은 경제적으로 취약한 외국인 여성을 돈으로 사는 경험을 하게 된다. 경제적 권력으로, 그것도 쉽게 평소 접하지 못한 외국인 여성을 통제함으로써 자신의 남성성을 확인한다. 그런 경험은 같은 사회에서 살아가는 한국 여성들에게도 표출될 가능성이 높을 것이다.

성매매 이슈, 누가 약자인가?

성매매 이슈는 참 어려운 문제다. 철학적으로 성매매는 비도덕적이다. 칸트는 인간을 수단이 아닌 목적으로 대할 도덕적 의무가 있다고 주장했다. 설령 내 몸을 내 마음대로 쓸 자유가 있다고 해도, 그것은 자신을 성욕의 대상으로 만드는 것이므로 자율적으로 행동하는 게 아니다. 그러나 현장에서는 성 노동 비범죄화 담론도 나온다. 성 노동자의 인권 보호를 위해서 성매매를 비범죄화하고 생계형 성매매를 허용해야 한다는 것이다. 당사자가 직접 거리로 나와 자신을 성 노동자로 인정해달라고, 그 일이 아니면 가족을 부양할 수 없다고 말하는 목소리를 마냥 외면할 수만도 없다.

여기서 중요한 건 어떤 가치를 기준으로 삼는가이다. 스웨덴은 약자를 보호한다는 원칙을 기준으로 잡았다. 스웨덴에서는 성 구매자만을 처벌하는데 이것이 1999년에 제정된 이른바 '노르딕 모델'이다. 그들은 성매매 여성을 타의에 의해 성폭력 대상이 된 사회적 약자로 본다. 현실적으로 가난한 사회 취약계층 여성이 어쩔 수 없이 성매매에 뛰어드는 경우가 대부분이므로 자발적이라 볼 수 없다는 것이다. 그렇다면 우리 사회는 약자를 최우선으로 배려한다는 원칙을 공유하고 있는가? 그 가치가 사회 시스템 전반에 깔려 있는가? 태국에도, 그리고 우리 사회에도 이 이슈는 약자 보호라는 원칙을 기준으로 다뤄야 한다는 점을 강조하고 싶다.

무지개 도시 방콕의 다양한 소수자 이야기

나는 방콕을 무지개색으로 기억한다. 그만큼 방콕에는 다양한 인종, 다양한 외모의 사람들이 함께 산다. 삶에 지쳐 잠시만이라도 한국을 떠나고 싶었을 때, 주저 없이 다시 방콕을 선택한 것도 방콕의 무지개색 때문이다. 이렇게 다양한 사람들 속에 숨어 있으면 아무도 나를 알아보지 못할 것이라는 사실이 나를 안도케 했다. 물론, 나 역시 이 방코키안(Bangkokian)들이 어디에서 왔는지, 방콕에 완전히 정착한 것인지 알 길이 없었다. 그래도 방콕 생활에 익숙해지면서는 다양한 사람의 모습을 보는 것만으로 재미있었다. 지하철에서 각자 다른 피부색의 사람들이 쏟아내는 수만 가지 언어를 들으며, 나는 방콕이 소수자 하나 없이 모든 인종이 평화롭게 공존하는 도시라고 생각했다. 미얀마 사람의 존재를 알기 전까지는.

조용하게, 은밀하게. 태국 사회를 지탱하는 한 축, 미얀마 노동자

태국 내 가장 많은 수를 차지하는 외국인은 미얀마인이다. 태국과 영토가 붙어 있기도 하고, 역사적으로 교류가 많았기 때문이기도 하다. 현실적으로는 미얀마의 노동자들이 태국에서 낮은 임금을 받으며 3D 업종 일을 하는 게 대부분이다. 방콕의 건설 붐은 여전히 진행 중인데, 상당수의 건설 노동자가 미얀마 사람들이라고 한다. 방콕의 골목을 지나가다 보면 새로 건물을 짓는 모습을 자주 볼 수 있다. 한 무리의 노동자들이 골목길 옆으로 늘어앉아 쉬는 모습을 종종 봤는데, 이 사람들이 거의 미얀마인이라는 것이다.

태국과 미얀마의 국경 검문소

나 역시 외국인으로서 미얀마 사람들을 직접 마주할 기회는 없었다. 다만, 태국에 사는 미얀마인의 존재를 알고 나서 우리 집 아파트에서 일하는 소녀가 미얀마 사람이 아닐까 추측할 뿐이었다. 나는 지하철역에서 조금 떨어진 골목 안쪽 작은 아파트를 빌렸다. 10대 후반에서 20대 초반으로 보이는 한 소녀가 건물의 청소와 관리를 맡았다. 시간이 지나 서로의 얼굴을 알아보기 시작할 때는, 짐이 많아 카드키를 꺼내기 어려운 나를 대신해 그녀가 문을 열어주기도 했다. 내가 그녀를 미얀마 사람이라고 추측한 것은 아파트의 중간관리자로 보이는 아주머니와 대화하는 모습을 보고 나서다. 아주머니의 빠르고 자연스러운 태국어에 비해 그 소녀는 누가 봐도 외국어라는 게 느껴질 만큼 더듬거리며 대화를 이어갔다. 어린 나이에 다른 나라까지 와서 일한다는 게 얼마나 힘든 일일까. 마주칠 때마다 웃으며 눈인사를 해주고, 항상 깨끗하게 청소를 해주는 그 친구가 고마웠다. 아파트 내에 자기만의 공간이 따로 있는 것인지, 밖에서 출퇴근 하는 것인지 알 수 없었다. 그렇게 미얀마 사람들은 방콕에서 눈에 띄지 않게 다들 자기의 일을 묵묵히 하고 있었다.

우리나라에도 100만 명이 넘는 외국인 노동자가 있지만, 일상에서 그들을 알고 지낼 기회는 거의 없다. 마찬가지로 태국 사람들도 미얀마 노동자와 가깝게 지내는 경우는 거의 없는 것 같다. 태국 친구들은 악덕 업주들이 미얀마 노동자들에게 갑질을 하는 일이 가끔 뉴스에 나온다고 알려주었다. 불법 체류자라는 약점 때문에 불리한 상황에 놓여도 하소연할 곳이 없고, 불법 노동자의 수가 많아 언제든 다른 사람으로 대체가 가능하니 갑질을 당할 수밖에 없다는 것이다. 평화로운 줄만 알았던 방콕에도 차별은 있었다. 태국과 미얀마의 관계는 한일관계 같은 라이벌 의식이 있다. 물론 지금은 라이벌이라고 하기에 모든 면에서 태국과 미얀마의 격차가 너무 크지만, 역사적으로 숱한 전쟁을 치른 탓이다. 방콕 여행의 필수 코스 중 하나가 아유타야 투어다. 아유타야는 방콕에서 차로 1~2시간 떨어진 태국의 옛 수도로 많은 역사 유적이 있다. 이곳에서 머리가 잘린 불상 유적을 많이 볼 수 있는데, 미얀마가 전쟁에서 태국을 이기고 그들의 기를 꺾기 위해 불상의 머리를 자른 것이다. 역사적 관계, 그리고 외국인 노동자라는 구조적 관계가 맞물려 미얀마 노동자들은 오늘도 조용히 방콕의 궂은일을 도맡고 있다.

또 다른 은밀한 이민자, 라오스인

방콕의 또 다른 은밀한 이방인은 라오스인이다. 10만이 넘는 라오스 노동자가 태국에 산다고 하는데, 특히 라오스와 인접한 태국 북동부 지방엔 오래전부터 라오스 이민자들이 정착해 살고 있다. 하지만 압도적인 미얀마 이민자의 수 때문에 존재감이 떨어지는 느낌이다.

그중에서도 내가 만난 라오스 방코키안 P는 조금 독특했다. 태국인 친구의 친구로 만난 그녀와 잠시 이야기를 나누었다. 내가 "Where are you from?"이라고 묻기 전까지 그녀의 친구도 P가 라오스 사람이라는 것을 모르고 있었다. 그녀가 완벽한 태국어를 구사했기 때문에 당연히 태국인이라 생각했다는 것이다. 사실 언어만 완벽하게 통하면 굳이 어느 나라에서 왔냐고 물을 일도 없을 것이다. P는 라오스에서 고등학교를 졸업하자마자 일하기 위해 혼자 방콕으로 건너왔다. 방콕에는 P와 같이 좋은 일자리를 찾는 젊은 라오스인들이 꽤 많이 살고 있다고 한다.

P가 완벽히 태국인 사이에 흡수될 수 있었던 건 언어 덕분이다. 라오어는 태국어와 거의 유사해 따로 배우지 않아도 80% 정도는 서로의 언어를 알아들을 수 있다. 여기에 라오스에서는 태국 TV를 즐겨보기 때문에 어려서부터 태국어를 자연스럽게 배운다고 한다. 그 덕에 P는 화장품 매장의 점원으로 고객을 응대하는 일을 할 수 있었다. 하지만 P는 운이 매우 좋은 케이스라고 한다. 아무리 언어가 통해도 이방인은 이방인. 대부분의 라오스인은 미얀마 노동자들과 마찬가지로 저임금 육체노동에 종사한다. 그래도 P와 같이 방콕에서 제법 괜찮은 일자리를 얻은 젊은이들은 굳이 라오스에서 왔다는 것을 밝히지 않고 살아간단다. 그녀는 라오스나 태국이나 문화적으로 비슷해서 굳이 자신의 출신을 밝힐 필요를 못 느낀다고 했다. 아무리 다양성을 존중하는 도시 방콕이라도, 라오스인이라는 정체성이 약점이 될 수 있다는 현실적인 이유도 섞여 있을 것이다.

다양한 성 소수자와 부대끼며 살아가는 도시

방콕 관광객들이 놓치지 않고 보는 것이 바로 트렌스젠더 쇼다. 트렌스젠더는 이제 태국을 상징하는 이미지가 되었다. 그만큼 태국에 트렌스젠더가 많을 뿐 아니라, 성전환 수술도 세계 최고 수준이다. 우리나라의 트렌스젠더들도 태국에서 수술을 받고 올 정도라고 한다. 방콕에서는 트렌스젠더뿐 아니라 게이나 남장 여자, 여장 남자 등 수많은 성 정체성의 사람들을 마주친다. 누가 봐도 여장 남자인 '꺼터이'가 식당에서 서빙 하고, 자신의 직장 동료가 게이라는 것을 스스럼없이 이야기한다. 남장 여자를 뜻하는 '텀'과 그를 둘러싼 두 여성의 삼각관계가 친구들 사이에서 실시간으로 중계되기도 한다.

이렇게만 보면 태국에 유난히 성 소수자가 많은 것처럼 보인다. 특별한 이유가 있는 것일까? 미얀마와 오랜 전쟁을 치르느라 남자가 많이 죽은 탓에 모계사회가 되었고, 그 때문에 여성성을 더 선호하게 되어 게이가 많아졌다는 설이 있다. 혹은 태국의 관광산업이 발달하면서, 경제 활동을 하기에 여성이 더 유리해서 그렇다고도 하고, 고수인 '팍치'가 정력을 감퇴시켜서 그렇다는 설도 있다. 다만 이런 설은 모두 과학적으로 증명되지 않았다. 통계상으로는 태국이 다른 나라에 비해 특별히 성 소수자의 수가 많은 것은 아니라고 한다. 다만, 제3의 성을 가족이나 친구, 동료로 받아들일 수 있냐고 묻는 한 설문조사에서 태국인들의 80% 이상이 받아들일 수 있다고 답했다. 확실한 것은 태국인의 관용 정신이 이들을 절대 배척하지 않는다는 것이다.

물론 방콕에서도 성 소수자들이 완벽하게 존중받는 건 아니다. 게이나 트렌스젠더 출연자가 TV 쇼에서 웃음거리가 되기도 하고, 일상생활에서도 그들을 놀리는 일이 다반사다. 외국인인 내가 좋아할 만한 주제라고 생각했는지, 현지 친구들은 지나가는 사람을 가리키며 저 사람이 진짜 여성일지, 아니면 트렌스젠더일지 맞혀보라고 하는 일도 많았다. 자신들은 쉽게 구분할 수 있다면서 말이다. 아직 이들을 존중하는 문화가 완벽하지는 않지만, 그래도 성 소수자들을 배제하지 않고 함께 부대끼며 살아가는 환경은 참 다행이라는 생각이 들었다. 우리도 성 소수자의 이야기를 편하게 나눌 수 있다면, 일상에서 쉽게 그들을 마주할 수 있다면 그들을 포용하는 감수성도 더 높아지지 않을까.

유난히 피부가 검게 그을린 사람들의 정체는?

어느 날 택시를 타기 위해 그랩(Grab)을 불렀다. 그랩 기사는 유난히 피부가 검게 그을린 남자였고 터번을 쓰고 있었다. 시간이 되자 휴대폰에서 알람이 울렸고, 그는 듣고 있던 라디오 소리를 줄였다. 옆에 있던 묵주 같은 것을 한 손에 들고 한동안 주문을 외웠다. 남부지방 출신 말레이족 무슬림이 분명했다. 말레이시아와 인접한 남부지방은 말레이족이 주로 거주한다. 전체 태국 인구의 약 3%를 차지하는 이들은 이슬람교를 믿는다.

국교가 불교인 태국에서 무슬림과의 갈등은 뿌리가 깊다. 1785년 태국에 합병된 후에도 남부 무슬림은 계속해서 저항해왔다. 2차 대전 이후까지 민족자결주의를 내세우며 독립을 요구했다. 1970년대까지도 테러와 게릴라전이 벌어졌고, 최근 2018년과 2019년에도 이슬람 반군의 테러가 있었다. 1980년대 들어서 태국 정부는 남부의 자치권을 대폭 인정해주는 유화책을 펼쳤다. 그에 따라 오늘날은 남부 말레이족과의 관계가 많이 개선되었고 방콕과의 교류도 활발하다. 여전히 무장투쟁을 하는 이슬람 반군은, 같은 말레이족 사이에서도 과격단체로 분류된다고 한다.

태국의 무슬림 소년들

이제는 방콕에서 히잡을 두른 말레이족 여성의 모습도 자주 볼 수 있을 만큼 방콕과 남부의 갈등은 점차 완화되는 것 같다. 학교에 가는 학생도, 쇼핑몰 종업원도, 식당의 서빙 직원 중에도 히잡을 한 말레이족 태국인을 자연스럽게 볼 수 있다. 큰 쇼핑몰에는 무슬림을 위한 기도실도 마련되어 있다. 보통 화장실 가까이에 기도실이 있어서 쉽게 찾아볼 수 있다. 한 번은 기도 시간이 급했는지, 화장실로 뛰어 들어온 말레이족 청년들이 손발을 씻고 헐레벌떡 기도실로 향하는 모습을 보기도 했다. 방콕에서 항상 불상과 불교 사원만 보다가 히잡을 쓴 사람들, 그리고 무슬림을 보니, 방콕은 이제 세상 모든 종교를 품을 수 있는 도시가 아닐까 하는 생각이 들었다.

매일 저녁 찾아다닌 우리 동네 로띠 청년

방콕에서 마주치는 또 다른 검은 피부의 사람은 인도인이다. 나는 방콕에서 집에 돌아가는 길에 인도 청년을 찾아 골목 여기저기를 뒤지고 다녔다. 내가 그들을 애타게 찾은 이유는 바나나 로띠 때문이었다. 방콕 길거리 어디서든 볼 수 있는 게 로띠를 파는 리어카인데, 막상 내가 사 먹으려면 꼭 없다. 야시장이나 사람이 많은 메인로드에는 현지인으로 보이는 사람들이 로띠를 판다. 반면 동네 골목의 로띠는 인도 청년들이 꽉 잡고 있다. 이곳도 자리의 기득권이 있어서인지 인도 이민자들은 외곽에서 장사를 하는 것 같다. 한 자리에서만 파는 게 아니라 오늘은 이 골목, 내일은 저 골목으로 돌아다니는 일이 허다하다. 쉬는 날도 자기들 마음인 듯했다. 로띠를 찾아 배회하다 친구들과 거리를 쏘다니는 로띠 청년을 가끔 마주쳤다. 오늘 장사는 쉬는 게 분명하다. 당최 규칙성 없는 그의 휴일 때문에 친구들과 어울리는 그의 모습에 약간의 배신감이 들기도 했다.

유난히 인도 이민자가 로띠 장사를 많이 하는 이유는 요리 방법과 재료가 간단해서다. 계란 반죽에 바나나를 잘라 넣고 섞는다. 그걸 기름에 튀긴 후 달달한 연유를 뿌려주면 끝이다. 필요한 장비도 단출해서 주머니 사정이 넉넉하지 않은 젊은 이민자가 처음 시작하기에 알맞은 장사다. 아마 나는 로띠라는 음식을 떠올릴 때면, 방콕에서 나에게 로띠를 만들어주었던 그 인도 친구가 평생 생각날 것 같다. 마지막인지도 몰랐던 그 날 밤, 그 친구에게 '너의 로띠가 가장 맛있었다'라고 말해주지 못한 아쉬움이 아직도 남는다.

나는 내성적인 여행자다. 여행지에서 하룻밤에 수십 명의 친구를 사귀는 넉살 좋은 성격이 못 된다. 하지만 돌이켜 보니, 나도 다양한 방콕 사람들을 만났다. 스쳐 지나가는 관광객이었다면 그들의 존재를 인식하지도 못했을 것이다. 국제도시 방콕의 명성만큼 이곳에는 인종도, 출신도 다양한 사람들이 살고 있다. 그중에서도 내가 만난 이 방콕의 마이너리티들은 내 여행을 풍부하게 만들어주었다. 사실 내가 이야기한 사람들 중에 라오스 친구 P를 제외하면 제대로 이야기를 나눠보지도 못했다. 그러나 그들은 나의 호기심을 자극했다. 통하지 않는 언어와 접점이 없는 관계의 장벽을 넘어 그들을 자세히 관찰했다. 그런 과정을 통해 나는 화려해 보이기만 하는 방콕의 뒷모습까지도 이해할 수 있었다. 나는 이렇게 다양한 사람들이 내는 무지갯빛의 방콕이 오늘도 그립다.

태국이 차이나타운을 받아들이는 자세

방콕의 핫플레이스 차이나타운

요즘 방콕에서는 차이나타운이 핫하다. 현지인들은 오랜만에 독특하고 맛있는 음식을 먹으러 차이나타운을 찾는다. 이제 현지인뿐 아니라 외국인 관광객도 많이 찾기 시작했다. 이곳이 외국인들에게 관광지로 사랑받는 이유는 독특하기 때문일 것이다. 노란색과 파랑색을 섞으면 초록색이 나오듯 태국도, 그렇다고 중국도 아닌 특이한 분위가 차이나타운에서 나온다. 비좁은 골목길에 양옆으로 늘어선 상점들은 영락없는 태국의 시장이다. 하지만 메인 도로로 나오면 한자로 된 간판과 중국풍 인테리어를 한 상점들이 나온다. 길거리의 사람들 모두 어디선가 흘러나오는 첨밀밀 노래를 흥얼거린다. 아, 우린 다 같은 아시아인이구나. 다시 그 사이사이에 좌판을 깐 길거리 식당은 태국 스타일이다. 음식을 주문할 때 다시 혼란에 빠진다. 이건 태국 음식도, 그렇다고 중국 음식이라고 할 수도 없는 메뉴들이다. 그래도 확실한 건 정말 맛있다.

방콕 차이나타운의 설날

동남아의 화교

전 세계에 퍼진 화교는 그들만의 끈끈한 네트워크로 똘똘 뭉쳤다. 타지에서 그들은 소수자이기 때문이다. 그 결과가 지금은 어느 나라에나 하나씩 있는 차이나타운이다. 차이나타운을 중심으로 그들의 언어와 유교적 가치관을 지켜왔을 뿐 아니라, 근면함과 공부를 통해 토착민들보다 더 높은 능력을 보여줄 수 있었다. 특히 지리적으로 중국과 가까운 동남아에 정착한 화교들은 그 지역의 경제력을 장악했다. 그러나 화교의 폐쇄적 네트워크와 그것을 이용해 쌓은 부는 원주민들의 시기와 질투를 피해갈 수 없었다. 동남아의 화교들 역시 소수자로서 생존을 위해 식민지 정부, 혹은 독립 후의 부패 권력과 손을 잡았다. 그런 점이 토착민들의 화교에 대한 반감을 더 증폭시키는 역할도 했다.

태국 사회에 완전히 녹아든 화교

태국 화교는 다른 동남아 국가의 화교들과 다르다. 결론부터 말하자면, 태국의 화교는 태국 사회에 철저히 동화되었다. 태국에 가면 분명 태국인인데 중국인 혹은 한국인과 흡사한 외모의 사람들을 많이 볼 수 있다. 이들이 바로 중국계 태국인이다. 이들이 전체 인구의 13~15% 정도 차지한다고 하니 상당히 높은 비율이다. 중국인의 태국 이주 역사는 13세기 아유타야 시대부터 본격적으로 시작되었다. 주로 무역을 하러 태국을 찾은 중국인 남성이었고, 이들이 태국 여성과 결혼하여 태국에 정착하기 시작한다. 이 사이에 나온 혼혈 자녀를 '룩찐'이라고 불렀다. 중국인의 이주가 태국 역사에서 얼마나 큰 부분을 차지하는지는 전통 공연인 '시암 니라밋 쇼'를 봐도 알 수 있다. 공연 스토리의 시작이 바로 배를 타고 태국에 도착한 중국인이 현지 여성과 사랑에 빠져 태국에 정착해버린다는 이야기다. 세계대전 이후 태국이 현대국가를 건설하는 과정에서 중국계에 태국 국적

취득과 태국식 이름으로의 개명 등을 강요하는 정책을 펴기도 했다. 그러나 화교의 태국 이주 역사가 워낙 길어서인지 이 동화 정책은 큰 저항 없이 진행되었다. 태국풍도, 중국풍도 아닌 것 같은 방콕 차이나타운의 모습은 태국 사회에 완전히 흡수된 화교의 모습에서 나온 것 같다.

나는 중국계가 태국 사회에 쉽게 적응할 수 있었던 것은 타이인의 자유를 중시하며 다양성을 존중하고 포용하는 능력 때문이라고 생각한다. 태국의 국호는 태국어로 '쁘라텟타이(ประเทศไทย)', 자유의 땅이라는 뜻이다. 그만큼 자유의 가치를 중요하게 생각한다. 자유에 있어서 가장 성숙한 태도는 남의 자유를 해치지 않는 범위 안에서 내 자유를 누린다는 태도다. 그러기 위해서는 남을 존중하고 다름을 받아들여야 한다. '마이뺀라이(ไม่เป็น ไร)' 정신이라고 할 수도 있겠다. '마이뺀라이'는 '괜찮다' 혹은 '문제없다'는 말이다. '마이뺀라이'라는 말로 남을 쉽게 용서하는 관용적 자세가 태국에서는 미덕이다. 이것은 외국인과 이민자에게도 적용된다. 태국 자체가 다민족 국가다. 중국계뿐 아니라 방콕에는 수많은 외국인이 거주하고 있다. 세계 각지의 사람들이 태국에 정착해 살 수 있는 것은 다양성을 존중하고 받아들이는 태국 문화의 영향이 크지 않을까 싶다.

설을 기념해 중국 전통 옷을 파는 노점

한국 사회가 다문화를 받아들이는 자세

나는 차이나타운을 보면서, 중국계 태국인 친구를 보면서 우리나라가 다양성을 받아들이는 태도에 대해 생각해봤다. 우리는 왜 다양성을 받아들이지 못할까? 이주여성의 수가 늘어감에 따라 다문화 가정이 많아졌다. 나의 어머니는 아이들을 가르친다. 어머니로부터 다문화가정 아이들의 비율이 상당히 높다는 것을 알게 되었다. 나는 막연히 그 아이들이 이중언어를 자유자재로 구사할 것으로 생각했지만, 현실은 달랐다. 예상외로 다문화 가정 아이들은 엄마의 모국어를 전혀 모르는 경우가 더 많았다. 맞벌이라 바빠서 언어 교육에 신경을 못 쓰거나, 아니면 두 언어를 가르치느라 한국어 습득이 더디면 어쩌나 걱정하는 마음에 엄마의 모국어를 가르치지 않았을 것으로 추측된다. 이런 걸 보면, 여기서 나고 자란 100% 한국인 아이들을 피부색이 다르다는 이유로, 엄마가 한국인이 아니라는 이유로 여전히 이방인 취급하는 우리 사회의 자세가 얼마나 폭력적인가 하는 생각이 든다. 한편으로는 다양성을 인정하지 않는 우리가 충분히 다양한 모습으로 성장할 수 있는 이 아이들을 100% 한국인이 되도록 몰아가지 않았나 싶다.

전통적으로 한국에서 다양성은 긍정보다 부정적인 쪽에 가까웠다. 우리의 소원이 통일이라 그랬을까? 음식 메뉴마저도 통일을 지향했다. 학연이든 지연이든 무언가 같다는 공통점에 매우 집착하는 경향이 있다. 내가 어릴 때까지만 해도 세계 유일의 단일민족 국가라는 자부심이 버젓이 교과서에 등장했다. 한국 사회에 뿌리 깊이 박힌 군대식 문화는 다양성을 단합되지 않는 것, 오합지졸인 것으로 오해하게 만든 측면도 있다. 자연스럽게 다양성은 나와, 대세와 다르므로 이상하고 나쁘다는 의미로 받아들여졌다. 요즘 다름을 인정하라는 말이 자주 등장하는데, 그동안 다름을 인정하지 않는 사회였다는 반증으로 볼 수 있겠다.

다양성은 생존의 조건

철학자 김용석 교수는 다양성은 생존의 조건이라고 말한다. 동일한 개체는 외부의 간섭과 침투에 매우 취약하기 때문이다. 그래서 자연 상태의 개체보다 사육되는 가축들 사이에서 전염병이 쉽게 확산한다. 농업도 마찬가지인데, 하나의 병충해로 인해 전체 농작물이 위협을 받는다. 다양성은 물질세계뿐 아니라, 인간 정신에도 활력을 불어넣어 준다. 그것이 인간 창조와 혁신의 밑바탕이 된다. 구체적으로 도시에서 혁신이 일어난다는 점을 생각해볼 수 있다. 규모가 커지면 혁신 능력이 높아진다고 하는데, 이건 다양한 사람들이 다양한 의견을 내고 상호작용하기 때문이다. 당장 혁신을 선도하는 도시 실리콘밸리만 봐도 다양한 백그라운드를 가진 전 세계의 인재들이 모여 있지 않은가.

현실의 진리는 민족마다 최선의 국가를 이루어 최선의 문화를 낳아 길러서 다른 민족과 서로 바꾸고 서로 돕는 일이다.

– 김구, 『백범일지』 중

김구 선생은 한없이 높은 문화의 힘을 강조했다. 그는 최선의 문화를 닦아 다른 민족과 바꾸고 서로 돕는 것이 문화적 다양성에 기여하는 일이고, 그것이 세계평화의 지름길이라 생각했다. 세계화로 인해 우리 사회 안에서도 다양성을 경험할 수 있게 된 것은 참 다행이다. 다양성은 언제나 옳으니 말이다.

우리의 금수저는 당연할까?

방콕의 매력은 시간여행을 할 수 있다는 것이다. 걸어서 20분 거리 안에 70년대부터 80년대, 90년대, 그리고 오늘날의 모습까지 다 볼 수 있다. 방콕의 뒷골목을 걸으면 영락없는 70년대에 와 있다가, 큰길 옆 쇼핑몰에 들어가면 2020년이 된다. 여행자의 입장에서 한 도시에 과거와 현재가 공존하는 모습을 볼 수 있다는 건 큰 흥미 거리고 행운이다. 그러나 이곳에서 삶을 살아가는 사람들은 매일 박탈감을 느끼겠지. 친구가 이런 이야기를 한 적이 있다. 외국인 친구들이 한국에서는 늦게까지 가게들이 문을 열고 놀 거리가 많아 좋다고 할 때, 본인은 영세 자영업자와 저임금 알바가 그 나이트 라이프를 지탱하고 있다는 현실이 떠올라 안타깝다고.

초호화 쇼핑몰에서 태국의 빈부격차를 실감하다

방콕의 아이콘시암(ICONSIAM)에 갔을 때 그런 안타까운 느낌이 들었다. 이곳의 화려함 뒤에는 얼마나 큰 불평등이 자리하고 있을까. 아이콘시암은 쇼핑몰이다. 그 화려한 모습만으로 충분한 볼거리를 선사해 관광객에게 인기가 좋다. 아이콘시암까지 가는 길부터 재미있다. 방콕을 흐르는 차오프라야강을 건너야 하는데, Sathon Pier 선착장에서 무료 셔틀 보트를 탈 수 있다. 우리에게는 배를 타고 강을 건너는 것이 흔치 않은 일이라 그런지 색다른 재미가 있다. 아이콘시암에서 관광객이 가장 많이 찾는 곳은 쑥시암이다. 쇼핑몰 1층에 위치한 쑥시암은 수상시장을 실내로 옮겨온 곳이다. 인공 분수를 강처럼 만들고 그곳에 작은 배를 띄워 각종 길거리 음식을 판다. 수상시장에 온 기분을 낼 수 있으면서 음식과 자리가 깔끔해 찾는 이들의 만족도가 높다.

수상시장을 지나 쇼핑몰 구역으로 넘어가면 아이콘시암의 화려함의 정수를 볼 수 있는데, 나는 높이 솟은 천장과 거대한 규모에 먼저 압도당했다. 그리고 길게 늘어선 수많은 명품관에 주눅이 들었다. 이렇게 큰 쇼핑몰에, 이렇게 많은 명품 매장을 유지하려면 그만큼 이 명품을 사는 사람이 많겠지? 아이콘시암 뿐만 아니다. 방콕 시내에는 명품 매장이 즐비한 쇼핑몰이 수도 없이 많다. 시내에 보이는 많은 고급 승용차는 강남 빰친다. 그제야 방금 지나쳐온 방콕 뒷골목의 모습이 대비되면서 이 나라의 빈부격차가 얼마나 큰지 실감했다.

아이콘시암의 명품관

대체 이 사람들은 어떻게 살지? 내겐 너무 큰 태국의 빈부격차

단지 서민과 어마어마한 상류층의 차이만을 말하는 것이 아니다. 어차피 우리나라에서도 중산층과 재벌의 차이는 굳이 따지는 게 무의미할 정도로 크니 말이다. 태국을 다녀온 사람이라면 한 번쯤은 '대체 이 사람들은 이 높은 물가를 어떻게 견디며 살지?'라는 의문을 품어봤을 것이다. 단순하게 공무원 임금으로 비교하자면, 태국의 하급 공무원 초봉이 1만 바트 정도라고 한다. 환율을 넉넉히 쳐서 40만 원. 우리나라 9급 공무원 초봉인 159만 원과 비교해도 1/4 수준이다. 한국 공무원 초봉을 매우 보수적으로 잡은 것이니, 실제 소득 차이는 더 심하다고 봐야 한다. 그런데 방콕 시내의 쇼핑몰을 가보면 체감상 서울 물가의 70%는 되는 것 같다. 월세와 자동차 할부 내느라 변변한 목돈도 모으지 못하는 게 현실적인 방콕 서민의 삶이다.

통계 수치만 봐도 태국의 빈부격차는 엄청나고 또 공고하다는 걸 알 수 있다. 세계에서 가장 부유한 왕은 사우디가 아니라 태국 왕이다. 태국 최고 부자인 CP그룹 다닌 회장은 이건희 회장보다 재산이 많다. 태국 중앙은행에 따르면, 상위 20%가 전체 부의 2/3를 차지한다고 한다. 태국 뿌에이 웅파꼰 경제연구소는 단 500명이 태국 상장 기업의 지분 36%를 가진다고 발표했다. 옥스팜에 의하면, 태국은 러시아, 인도에 이어 세계에서 3번째로 빈부격차가 심한 나라다.

방콕의 뒷골목과 대비되는 화려한 야경

하이쏘? 금수저? 불평등은 당연하다?

외국인의 시선에서 봤을 때, 미안하지만 태국의 불평등은 쉽게 완화될 것 같지 않다. 깊이 뿌리 박힌 체념의 정서가 가장 큰 원인이다. 불교의 영향 탓에 태국인들은 현생이 전생의 업보라고 생각한다. 가난한 것도 자신의 업보로 받아들이고 높은 계층에 불만을 느끼지도 않는다. 태국인들이 쓰는 '하이쏘'라는 단어에 체념의 정서가 잘 나타난다. 하이 쏘사이어티(high society)의 줄임말로 최상류층을 뜻한다. 대대손손 귀족이나 재벌 출신인 전통적인 부자가 하이쏘에 해당한다. 감히 하이쏘에 들어가고 싶다는 욕망도 없다. 그들은 '어나더레벨'이므로 단지 우러러볼 뿐이다. 더 나쁜 건 태국 사회가 이런 경향을 방조하고, 나아가서는 긍정적인 이미지로 포장한다는 것이다. '하이쏘는 훌륭한 사람들이다. 우리 사회에 도움을 준다. 하지만 너희는 꿈도 꿀 수 없다.'

이쯤 되면 왜 태국인들은 빈부격차에 문제 제기 조차 제대로 하지 않는 걸까 답답할 것이다. 나는 우리나라에서도 그 답답함을 전부터 느끼고 있었다. 대학교 때부터 빈부격차, 불평등 같은 키워드에 관심이 많았다. 그러나 친구들에게 한국 사회의 불평등 문제를, 그리고 우리 주변에서도 쉽게 볼 수 있는 빈부격차에 대해 말하면 돌아오는 건 그들의 체념 섞인 반응이었다. '부자니까 당연하지, 어쩔 수 없잖아, 그렇게 불만이면 네가 나중에 돈 많이 벌어라.' 나는 정의를 논하고 싶었지만 모두 불평등은 당연하다고, 괜찮다고 답했다.

태국에 하이쏘가 있다면 우리에겐 '금수저'라는 단어가 있다. 시간이 지나면서 금수저 역시 하이쏘와 마찬가지로 부러움의 대상이지만 넘사벽이라 감히 꿈도 꿀 수 없는 신비로운 이미지로 진화하고 있다. 부모도, 돈도 실력이라고 말했다가 질타를 받은 누군가의 발언이 이제는 재평가 받아야 되는 것 아니냐는 자조적 농담까지 나올 정도다. 불평등이 심화되고 굳어짐에 따라 귀속지위로부터 나온 '부(富)'를 우러러 보는 건 자연스러운 현상일 것이다. 마치 신분제로 회귀하듯 말이다. 우리 사회의 이런 모습은 적어도 내 눈에는 태국의 전철을 똑같이 밟고 있는 것으로 보인다.

"우리나라는 모든 사람이 평등하고 소중하다고 생각해. 평등은 정말 중요해. 사람들은 자기가 더 가지는 것이 타인에게 피해를 주지 않는 것처럼 생각하지만 사실 내가 더 가지면 누군가는 상대적 박탈감을 느끼게 되어 있거든. 나는 가끔 성처럼 세워진 집들을 보면 나는 화가 나. 결국 더 가진다는 건 본질적으로 남에게 고통을 떠넘기는 거라 생각하거든."

평범한 노르웨이 시민을 인터뷰한 어떤 기사에서 그가 한 말이다. 그의 말은 우리가 왜 불평등을 좌시하지 말아야 하는지를 그 어떤 학술적 설명보다 명쾌하게 보여준다. 누군가는 반론할지도 모른다. 자유가 더 중요하지 않냐고, 돈을 많이 버는 것도 쓰는 것도 개인의 자유 아니냐고. '자유론'을 쓴 존 스튜어트 밀도 타인의 자유를 침해하는 자유는 자유가 아니라고 했다는 걸 기억하자.

振和興大金行
6738

PART 3

당신의 방콕은 어떤 모습인가요?

방콕,
영화에 담기다

영화로 방콕 감상하기

여행 이야기에서 영화를 빼놓을 수 없다. 많은 이들이 영화를 보고 여행을 꿈꾸거나, 혹은 여행에서 돌아와 아쉬움을 달래려고 그 여행지가 나오는 영화를 찾아본다. 그래서인지 여행을 좋아하는 사람은 반드시 영화를 좋아하고, 영화를 좋아하는 사람도 여행을 좋아한다. 영화는 여행을 꿈꾸게 하고, 그립게도 한다.

물론 영화 속 모습과 실제 도시의 풍경은 매우 다를 수 있다. 아름다운 장소만 골라 찍은 영화와 현실이 어떻게 같겠는가. 한번은 '프라하의 연인'이라는 드라마를 보고 프라하에 대한 로망이 가득 찼다. 하지만 내가 간 프라하의 구시가는 유럽의 명동 같은 곳이었다. 온통 관광객으로 가득

찬 도시 말이다. 사연을 들어보니 관광지로 유명해지고 나서는 장사하려는 러시아 사람들이 밀물처럼 들어왔다고 한다. 내가 정겹게 이야기를 나눈 가게 사장님들 대부분 체코 사람이 아니라 러시아 사람이었다는 것. 기대가 너무 커서 실망도 컸던 걸까? 드라마 주인공이 먹던 바츨라프 광장의 핫도그는 너무 짜서 다 먹지도 못했다.

그래도 나는 여전히 영화를 보며 키운 여행의 로망을 간직하고 있다. 나에게 홍콩은 영화 '중경삼림'의 이미지로 남아있어 아직도 미드레벨 에스컬레이터에 대한 로망이 있다. 홍콩에 다녀온 사람들은, 막상 가보면 그냥 에스컬레이터일 뿐이라고 증언하지만 말이다. 바츨라프 광장의 핫도그만큼 실망스러울지 몰라도, 아무튼 내게는 홍콩에 가야 하는 이유가 하나쯤은 있는 셈이다.

나는 우연히 방콕에 간 바람에 어떤 로망 같은 걸 가지고 있지 않았다. 그래서 집에 돌아와 방콕에 대한 그리움을 달래기 위해, 또 내가 모르는 태국을 엿보기 위해 영화를 찾았다. 영화를 다 보고 나자, 미리 방콕에 대한 로망을 가지고 갔더라면 더 크게 감동했을 텐데 하는 아쉬움이 들었다. 이 글을 읽는 사람들은 영화로 먼저 태국을 감상하고 기대와 설렘을 한가득 안고 방콕으로 향했으면 좋겠다. 이미 태국에 다녀온 사람도 걱정하지 마시라. 시대별로, 주제별로 다양한 태국의 모습을 볼 수 있는 영화들이다. 또 한 번 태국에서의 추억을 떠올리며 가슴 두근거릴 거라고 확신한다.

비치(The Beach), 2000

영화는 갓 스물을 넘긴 미국 청년 리차드(레오나르도 디카프리오 분)의 모험 이야기다. 그는 새롭고 위험한 여행을 찾아 방콕으로 떠나온 호기로운 젊은이다. 카오산 로드의 허름한 호텔에서 우연히 마주친 미치광이의 말에 이끌려, 그가 전해준 지도만 보고 지상낙원이라는 섬을 찾아 나선다. 미소년 시절 레오나르도 디카프리오와, 그의 외모만큼 순수함을 간직했던 피피섬의 풍경을 보는 것이 감상 포인트다.

미치광이의 말만 듣고 모험을 떠나는 리차드가 언뜻 무모해 보인다. 그런데 따지고 보면 우리의 여행도, 삶도 리차드와 별반 다를 게 없다. 여행

영화 비치 촬영지인 피피섬 마야 베이(Maya Bay)

의 본질은 모험이다. 그 리스크를 줄이기 위해 가이드와 여행사가 존재한다. 아무리 그래도 지구 반대편에, 존재하는지 눈으로 본 적도 없는 사람을 믿고 여행을 떠나는 걸 리차드의 모험보다 안전하다고 확신하기도 그렇다. 그래도 우리가 모험을 떠나는 건, 다른 삶을 살아보고 싶은 욕망일 것이다. 아니, 어쩌면 단순한 욕망이 아니라 남들보다 더 새롭고 위험한 모험을 해봤다는 우월감 때문일지도 모른다. 리차드가 아직 철이 없어서, 혹은 혈기만 왕성해서 모험으로 자존감을 높이려는 건 아니라고 생각한다. 처음 방콕에 도착한 그의 모습에서 쳇바퀴를 돌던 삶을 벗어나 뭐라도 해보기 위해 그 먼 거리를 날아왔다는 걸 나는 느꼈다. 나이가 들면 정착해야 한다는데, 나는 오히려 여행에서도, 삶에서도 모험심만 더 커진다. 거창할 것 없이, 지금의 삶을 바꾸기 위해 뭐라도 해보는 것 자체가 모험 아닐까. 그런 점에서 오늘도 살기 위해 애쓰는 우리 모두 모험가다.

스크린에 등장한 이후 피피섬(Phi Phi Islands)은 세계적으로 유명해졌다. 피피섬은 남부 휴양도시인 푸껫과 끄라비 사이에 있다. 관광객들은 주로 푸껫과 끄라비에서 출발하는 페리를 타고 피피섬에 간다. 코로나 이전 사람들로 가득 찬 피피섬과 코로나 이후 인적이 드물어 한결 깨끗해진 피피섬을 비교한 사진을 보았다. 영화에서 섬의 리더인 '살(Sal)'이 왜 그토록 외부인이 섬으로 들어오는 것을 막았는지 이해할 것 같았다. 코로나 이후 공기가 맑아진 걸 보고 오히려 인간이 지구의 바이러스 아니냐는 우스갯소리가 생각났다. 영화에서 파라다이스로 나오는 마야 베이는 수많은 관광객으로 몸살을 앓다 2018년부터 폐쇄되어 지금은 갈 수 없다.

브라더 오브 더 이어(Brother of the Year), 2018

요즘 방콕 사람의 생활상을 그대로 보여주는 교과서 같은 영화다. 친오빠가 여동생의 연애를 방해하는 단순한 이야기인데, 이 영화에는 태국에 관한 온갖 클리셰가 등장한다. 나쁜 의미의 클리셰가 아니라, 방콕 사회가 그대로 드러난다는 뜻의 클리셰다. 주인공인 오빠 '첫'은 전형적인 태국 남자의 이미지다. 나쁘게 말하면 무책임한 바람둥이라는 뜻이다. 집안일은 동생 제인에게 떠넘기면서 여자를 만나러 다니기 바쁘다. 이런 태국 남자의 성향 탓에 결혼 적령기의 여성은 태국 남자를 좋아하지 않고, 오히려 외국인을 선호한다. 동생 제인의 연인 모치(닉쿤 분)가 일본-태국 혼혈인 것도 그런 선호를 반영한 것이 아닐까 싶다. 실제로 일본 남자는 태국에서 인기가 있는 편이다. 태국과 일본의 교류가 많아 익숙한 것도 있겠지만, 비교적 소극적이고 개인주의적인 성향이 일본과 태국 남자의 공통점이라는 이유도 있을 것이다. 우리가 아는 것보다 훨씬 보수적인 태국 사람들이라, 결혼을 생각한다면 정반대 문화를 가진 서양인을 받아들이기는 힘들 것이다.

일본 유학을 다녀온 제인은 방콕의 일본 회사에 취직하고, 그곳에서 모치를 만난다. 한국과 달리, 태국 청년들이 가장 선호하는 일자리는 외국계 기업이고 그다음이 자국 대기업이다. 첫 번째 이유는 태국에 진출한 외국계 기업이 상당히 로컬화 되어있다는 것이다. 특히 일본 자동차 기업들은 일찍이 태국에 공장을 세웠고, 태국 사람들 역시 일본 기업을 자국 기업이나 마찬가지라고 생각한다. 둘째로 태국 대기업의 글로벌 인지도가 떨어진다는 점이다. 외국 기업이 태국 시장까지 진출할 정도면 세계적인 글로벌 기업이니, 구직자들에게는 선망의 대상일 수밖에 없다. 물론, 연봉도 외국계 기업이 조금 더 높다고 한다. 첫의 직업이 광고 기획자로 나오는 점도 현실을 반영한 포인트다. 태국은 광고산업이 발달했다. 단지 광고 시장이 크다는 수준을 넘어, 국제광고제에서 상을 휩쓸 정도로 실력을 세계적으로 인정받는 뜻이다. 제조업보다는 판매와 유통업이 더 활발하기 때문에 이 상품을 판매하기 위한 광고 기술이 발달한 것으로 보인다.

행오버2(The Hangover Part II), 2011

새신랑과 친구들이 하룻밤 사이에 벌어진 사건들을 수습하는 전형적인 미국식 코미디 영화다. 영화 속 방콕은 무법천지의 도시다. 부패한 경찰에, 마약 밀매에, 온갖 폭력 소동까지, 방콕의 뒷골목은 엉망진창이다.

이 영화가 서울을 배경으로 했다면, 아마 한국 비하 논란을 피할 수 없을 것이다. 그 정도로 영화 속 방콕은 '막장' 도시로 묘사된다. 영화를 보면서 너무한다 싶다가도, 너무 심각하게 생각하지 않기로 했다. 대신 미국인의 시각에서 본 방콕의 풍경에 집중하기로 했다. Why so serious?

행오버2를 보며 심각해지지 않는 연습을 하기로 했다. 가벼운 마음으로 영화를 보자, 어두운 뒷골목이 아니라 재미있는 일이 벌어지는 유머러스한 도시 방콕이 보였다. 영화는 영화일 뿐, 오해하지 말자. 영화가 우리에게 주려는 그 유쾌한 감정만 가지고 방콕을 감상하자.

안타깝게도 방콕에서 가장 피해야 할 부류는 영화 속 방콕 조폭이 아니라 한국 사람 아닌가 싶다. 일반 관광객이라기보다는 껄렁껄렁해 보이는 부류의 젊은 남자들 말이다. 언제부터인지 동남아 여행을 가면 이런 한국 사람이 눈에 띄는데, 방콕은 특히 코리아타운 근처에서 참 많이 보인다. 내가 방콕의 코리아타운을 별로 좋아하지 않았던 이유다.

찾아보니 이미 20여 년 전에 한국 조폭이 방콕에서 원정 패싸움에 총격전까지 벌였다고 한다. 지금은 깍두기의 시대가 지나서 그런지 한국인의 범죄가 다른 형태로 바뀌었을 뿐이다. 태국은 이미 한국 불법 도박사이트의 성지가 된 지 오래다. 태국에서 붙잡혔다는 불법 도박사이트 운영자들의 기사가 수없이 많다. 원래 중국이 중심이었던 보이스피싱 범죄도 근거지를 동남아시아로 옮기는 추세라고 한다. 이들 간 폭력, 살인 사건도 다수 일어나고 있다. 대표적으로 그것이 알고 싶다의 레전드 에피소드로 알려진 파타야 살인사건을 꼽을 수 있겠다. 그밖에도 배경을 전혀 알 수 없는 미스터리한 한국인 살인사건도 많다고 한다.

범죄자들이 태국을 선호하는 이유는 다른 동남아 국가들보다 좀 더 안전한 환경, 빠른 인터넷, 좋은 편의시설 때문이라고 추측해본다. 지리적으로 동남아의 중심에 위치하다 보니 여차하면 다른 나라로 넘어가기 수월한 것도 보너스가 아닐까. 외국에서 자기 나라 사람을 피해야 하는 건 한국인밖에 없을 거다.

배드 지니어스(Bad Genius), 2017

중학교 때 학교 성적 1등을 놓치지 않은 '린'은 유명한 사립고등학교에 진학한다. 새로 사귄 금수저 친구의 커닝을 도와주며 아이들 사이에서 유명해진다. 돈을 받고 커닝을 도와준 린은 급기야 미국 수능인 SAT 시험의 대규모 부정행위를 주도한다. 영화에서 린의 고등학교 학비가 한 학기에 6만 바트, 우리 돈 약 220만 원으로 나온다. 우리나라 한 학기 대학 등록금과 맞먹는다. 방콕의 가구당 소득이 약 45,000바트, 한국 돈 166만 원 정도라는데, 그렇게 보면 서민이 감당하기에 엄두가 안 나는 금액이다. 이런 빈부격차를 숫자로 확인하니 린의 머리가 축복이 아니라 오히려 독이 될 수도 있겠다는 생각이 든다.

일반 서민이 이렇게 비싼 사립고등학교에 가는 것은 오버일지 모른다. 그런데도 태국 서민 가정의 교육열은 무척 높다. 태국의 대학 진학률은 2011년 52%, 2016년 49%로 대략 50% 내외다. 한국의 대학 진학률이 유달리 높아서 그렇지, 홍콩도 2008년에야 55%로 처음으로 태국을 앞질렀다. 최근 태국에서도 국제학교를 보내는 것이 인기라는데, 방콕에만 85개의 국제학교가 있다. 비교해볼 수 있는 게 우리나라의 외국인학교인데, 국내에 40개 외국인학교가 있고 그 중 서울에는 19개교가 있다고 한다. 태국에서 국제학교의 인기는 공교육에 대한 불신이 큰 탓이다. 공교육 불신은 반드시 사교육으로 이어진다. 친하게 지냈던 캐나다인 친구는 방콕의 국제학교에서 아이들을 가르친다. 저녁과 주말에는 부업으로 다른 국제학교에 다니는 아이들의 과외를 하느라 바쁘다. 아이의 부모는 평범한 직장인이라는데, 아이들을 영어권 국가의 대학으로 유학 보내고 싶어 한단다. 우리나라의 교육열 보다 뒤지지도 않겠다는 생각이 들었다.

TIP | 태국의 대학 문화

태국은 대학생도 교복을 입는데, 극소수만이 교복에 반대하는 운동을 벌일 뿐, 대다수는 교복에 찬성한다. 오히려 대학생이라는 걸 드러낼 수 있어서 교복을 선호하는 쪽에 가깝다고 한다. 처음에는 다 큰 성인이 되어서까지 무슨 교복인가 하는 답답한 마음이 들었다. 반대로 서양 사람들도 중고등학교 때 교복을 입는 한 · 중 · 일의 문화를 보고 같은 생각을 했을 테다. 태국 대학 생활의 하이라이트는 졸업식이다. 보통 11~12월 사이에 졸업식을 하는데, 이 시즌 대학 캠퍼스에는 학생들이 거의 매일 나와 졸업사진을 찍는다. 그래서 졸업 시즌이면 SNS가 온통 졸업사진으로 도배된다. 이런 졸업 축제 분위기가 몇 달은 간다.

카오산 탱고, 2020

한낮의 카오산 로드

여행자라면 누구나 한 번쯤은 여행지에서의 썸을 꿈꾼다. 영화 비포 선라이즈를 보고 오스트리아 빈에 가기로 했다. 하지만 빈으로 향하는 기차 안에서 나에게 영화 같은 일은 일어나지 않았다. 여행에서의 썸은 모두가 바라지만, 그 누구에게도 일어나지 않는다는 말을 위안 삼았다. 일상에서도, 여행에서도 연애는 '될놈될'인가보다. 방콕으로 취재를 떠난 영화감독 '지하'는 카오산 로드에서 가방을 잃어버리는데, 때마침 안면이 있는 '하영'이 나타나 그를 도와준다. 중간에 오해가 생기기도 하지만 풀어가며 서로의 마음을 확인한다. 이후 둘 다 여행자로서 각자의 길을 떠난다. 여행에서의 썸도, 우정도 딱 거기까지라 아름다운 것 아닐까.

이 영화에서 방콕에 어울리는 음악을 찾아낸 것이 나에게 가장 큰 수확이다. 스페인에서 기차를 타고 사막 같은 황무지를 지나간 적이 있다. 시간은 이미 저녁 6시였지만, 스페인의 해는 노을이 지기에는 애매하게 부족한 각도에 떠 있었다. 마치 오후 3시 같은 애매함 말이다. 그 애매한 햇빛에 비친 황무지는 층층이 다른 색으로 보였다. 이상하게 그 색이 너무 컬러풀하다는 생각이 들어 콜드플레이(Colplay)의 노래를 들었다. 나에게 스페인에 어울리는 음악은 콜드플레이다. 방콕에서는 방콕과 어울리는 음악을 찾지 못했다. 가장 큰 이유는 내 마음 상태였을 것인데, 나의 우울한 기분과 방콕의 찬란하게 맑은 날씨가 전혀 어울리지 않았기 때문이다. 서울에 돌아와 영화를 보면서, 흘러나오는 탱고에 가슴이 먹먹해졌다. 지하는 형의 죽음을 가슴에 품은 채 방콕에 갔다. 그의 감정과 반대로 카오산 로드는 지나치게 자유롭고, 싱그럽다. 이 아름다운 방콕과 자신은 어울리지 않는다고 지하도 나처럼 생각했을지 모른다. 차오프라야강을 가로지르며 흘러나오는 비장한 탱고가 나를 위로해주었다. 그런 무거운 마음도 충분히 방콕과 어울릴 수 있다고, 그 어두운 감정도 방콕에서는 탱고처럼 멋있게 승화할 수 있다고.

방콕 트래픽 러브 스토리(Bangkok Traffic (Love) Story), 2009

'리'는 친구 결혼식에서 술을 너무 많이 마셔 취해버린다. 그 상태로 집에 가겠다며 음주운전을 하다 사고를 내는데, 자신을 도와주러 온 남자 '렁'을 처음 보고 호감을 느낀다. 이후 리는 화가 난 아버지에게 차를 뺏기고 대중교통으로 출근하기 시작하는데, 그러다 BTS 지상철 엔지니어로 일하는 렁을 열차 안에서 다시 만나고 사랑을 키워간다.

리의 대중교통 출근길 여정은 험난하다. 운하 보트를 타며 튀는 물을 온몸으로 받아내고, 오토바이 택시를 타다 지나가는 차에 무릎을 긁힌다. 사람들 사이에 끼인 채로 BTS와 썽태우(미니트럭)에 실려 가다시피 움직인다. 세계 어느 도시나 출근길 지하철은 끔찍하다. 그래도 태국의 출근길 지하철은 서울만큼 과격하지는 않다. 어떻게든 열차에 사람을 욱여넣는 서울의 지옥철과 달리, 방콕의 지하철은 눈대중으로 사람이 꽉 찼다 싶으면 쿨하게 다음 열차를 기다린다. 출근길에 열차 한두대 정도 보내는 게 기본인 것 같다.

여행자가 방콕에서 만나는 현지인은 주로 관광업 종사자나 쇼핑몰 직원 같은 사람들일 것이다. 그러다 보니 방콕이 대도시라는 사실을 간과한다. 우리처럼 회사에 다니는 평범한 직장인들이 더 많은 곳이다. 사람으로 꽉 찬 BTS 열차, 사람들 틈 창문으로 겨우 보이는 방콕의 풍광은 역설적이어서 더 아름답다. 어쩌면 출퇴근 시간에 타는 BTS가 가장 방콕다운 시간과 장소일지도 모르겠다. 매일 반복되는 세상 모든 밥벌이는 언제나 숭고하다.

나는 사진을 많이 찍지 않는다. 순간을 온전히 느끼고 싶어 카메라를 들지 않는다는 핑계를 대지만, 사실 매번 사진 찍는 걸 까먹는다. 여행에서 남는 건 사진이라는데, 막상 집에 돌아와 사진첩을 보면 진하게 남은 여운에 비해 사진의 양은 초라하다. 여행의 기억을 되살릴 시각 자료가 부족하다는 게 항상 아쉬웠다. 다행히 각자의 개성 있는 시선으로 방콕을 바라본 영화들이 많다. 내가 미처 보지 못한 방콕의 다양한 모습을 보며 아쉬움을 달랬다. 영화와 함께 미리 방콕을 감상하고 떠나는 것도, 영화로 여행의 그리움을 달래는 것도 모두 좋다. 부디 다음 여행에는 영화 같은 일이 일어나기를 바라본다.

TIP | 태국 사람들의 이름

'제인', '린', '첫', '리'. 영화 속 등장인물의 이름은 우리가 알 만한 태국 사람의 이름과 다르다. 전 국왕 '푸미폰 아둔야뎃', 전 총리 '탁신 친나왓' 같은 이름에 비해 위 이름은 너무 짧기도 하고 또 영어 이름 같기도 하다. 태국 사람은 모두 별명을 주로 사용한다. '제인', '린', '첫', '리' 같은 짧은 이름이 별명인데, 어릴 때 부모님이 지어주거나 성인이 되어 스스로 새 별명을 짓기도 한다. 그래서 가족이 부르는 별명과 성인이 된 후 만난 친구들이 부르는 별명이 다른 경우도 있다. 말이 별명이지, 이게 진짜 이름이나 다름없다. 쉽게 말해 본명은 서류를 작성할 때나 쓰는 것이고 일상생활에서는 별명을 사용한다. 식당이나 호텔 같은 곳에 예약할 때도 별명을 쓴다. 직장 동료 간에도 그 사람의 본명을 부를 일은 없다. 서류에는 본명을 써야 하니, 일 때문에 그 사람의 본명을 겨우 아는 정도라고 한다. 심지어 유명인의 이름도 별명으로 안다. 태국 축구 선수

'차나팁 송크라신(Chanathip Songkrasin)'을 아냐고 현지인에게 물어봤다. 태국 사람이라면 모를 리 없는 가장 유명한 선수다. 모든 현지인이 고개를 갸우뚱거렸고, 그의 사진을 보여준 후에야 알아보았다. 사람들은 그의 별명인 '제이(Jay)'로 알고 있었다. 심지어 태국어에 성조가 있는 탓에 본명을 부를 때도 성조를 구분해야 한다. 성조를 지켜서 발음하지 않으면 전혀 다른 이름이 되어버린다.

방콕이 던진 질문에 답하다

여행자에게 호불호가 가장 극명하게 갈리는 나라는 인도일 것이다. 한참 나중에 인도의 매력에 빠진 사람이라 하더라도 처음 인도에 도착했을 때의 강력한 인상은 지울 수 없다고 한다. 사람 많고, 더럽고, 냄새나고, 의뭉스러운 사기꾼이 가득한 곳. 많은 여행기는 인도를 이렇게 묘사한다. 그런데 따지고 보면, 인도가 가진 부정적인 요소들은 방콕에도 있는 것들이다. 한 사람 겨우 걸을 정도의 폭이 보통의 방콕 길이다. 그 좁은 길조차 노점이나 길거리 식당과 공유한다. 그리고 여기서 나오는 쓰레기가 곳곳에 널브러져 있다. 쓰레기 틈 사이로 바퀴벌레와 쥐들을 심심치 않게 발견할 수 있다. 이게 현실의 방콕이다. 그나마 사람들이 의뭉스럽지 않다는 점은 다행이다. 이렇게 보니 방콕은 꽤 문제가 있는 도시다.

문제는 교통이야

'끄룽 텝 마하나콘'으로 시작하는 방콕의 정식 명칭은 세계에서 가장 긴 도시 이름이다. 투어에 참가하면 현지 가이드가 이 긴 방콕의 풀네임을 숨도 쉬지 않고 읊는 걸 감상할 수 있다. 여기서 말하는 끄룽 텝 마하나콘(Krung thep maha nakhon)은 원래 '라따나꼬신(Rattanakosin) 섬'을 가리킨다. 라따나꼬신 섬은 관광객이 많이 찾는 왕궁이나 왓포, 카오산 로드가 있는 방콕 서쪽의 구도심 지역이다. 이곳을 섬이라고 부르는 건 지도를 자세히 보면 운하가 이 지역을 둘러싸 섬처럼 떠 있기 때문이다. 마치 조선 시대 때 사대문 안이 진짜 서울이었던 것과 같다.

지도로 보는 라따나꼬신 섬

TIP | 방콕의 정식 명칭

กรุงเทพมหานคร บวรรัตนโกสินทร์ มหินทรายุธยามหาดิลกภพนพรัตน์ราชธานีบุรีรมย์ อุดมราชนิเวศน์มหาสถาน อมรพิมานอวตารสถิตสักกะทัตติยวิษณุกรรมประสิทธ

(끄룽 텝 마하나콘 아몬 라따나꼬신 마힌타라 유타야 마하딜록 폽 노파랏 랏차타니 부리롬 우돔랏차니웻 마하사탄 아몬 피만 아와딴 사팃 사카타띠야 윗사누깜 쁘라싯)

해석: 천사의 도시, 위대한 도시, 영원한 보석의 도시, 인드라 신의 난공불락의 도시, 아홉 개의 고귀한 보석을 지닌 장대한 세계의 수도, 환생한 신이 다스리는 하늘 위의 땅의 집을 닮은 왕궁으로 가득한 기쁨의 도시, 인드라가 내리고 비슈바카르만이 세운 도시

모든 대도시가 그렇듯, 방콕도 시대가 흐름에 따라 조금씩 확장한다. 오늘날 방콕의 중심가인 스쿰빗(Sukhumvit)이나 통로(Thonglor)까지 방콕이 넓어지기 시작한 것은 1980년대부터다. 태국 경제가 급성장한 시기에 스쿰빗을 중심으로 고층 건물이 들어서며 일종의 신도시가 형성되었다. 하지만 이런 방콕의 변화는 1970년대부터 준비한 '방콕 교통마스터플랜(Bangkok Transport Master Plan)'에 따른 것이다. 지하철과 자동차 도로를 중심으로 도시를 확장하겠다는 계획이다. 이미 끄룽 텝은 오래전부터 포화상

태여서 라따나꼬신 섬의 북쪽과 동쪽으로 조금씩 확장하는 중이었다. 정부는 지하철과 자동차 도로를 통해 도시를 확장함으로써 라따나꼬신 지역의 슬럼 문제를 해결하려고 했다.

자동차에 압도당한 방콕의 흔한 도로(왼). 대부분의 횡단보도는 지워져서 잘 보이지도 않는다(오)

계획대로 너무 잘 흘러간 게 문제였을까? 방콕의 자동차 도로는 동쪽의 신시가지까지 뿐 아니라 동서남북으로 잘 뻗어 나갔다. 새로운 도시를 건설할 때 이렇게 도로를 최우선에 두면 도시는 자동차를 위한 도시가 된다. 지금도 방콕 구도심에 가면 좁은 도로와 건물들이 다닥다닥 붙어 있는 탓에 자동차가 도로를 압도한다는 생각은 들지 않는다. 그러나 아속역 근처의 신시가지는 그야말로 자동차 반, 빌딩 반이다. 그나마 중심가의 큰길은 몇 사람 지나갈 너비의 보도이고, 횡단보도와 신호등도 있다. 하지만 조금 샛길로 빠져 안으로 들어가면 사람 다니는 길과 차도가 공존한다. 말이 공존이지 그 길을 지나가려면 양쪽에서 오는 자동차와 오토바이의 눈칫밥을 먹으며 걸어야 한다. 신호등은 아주 큰 길이 아니면 없다고 봐야 한다. 대신 방콕에는 육교가 그렇게 많다. 이마저도 듬성듬성 있어서 바로 건너편으로 넘어가려 해도 저 멀리에 있는 육교를 찾아 한참 돌아와야 하는 일이 한두 번이 아니다. 요즘 서울에는 흔치 않은 육교라 처음에는 여행자의 낭만을 느끼며 육교 위 풍경을 감상하곤 했다. 관광객에서 방콕에 사는 생활인이 되자, 이 육교가 교통약자들을 좌절하게 하는 거대한 장벽처럼 느껴졌다.

방콕 육교

성 안 사람의 방콕, 성 밖 사람의 방콕

도시문제의 핵심은 교통이라는 나만의 철학을 가지고 있다. 일자리를 찾아, 직장과 가까운 곳에서 살겠다고 도시에 온 것인데 오히려 이동의 효율은 줄어들었으니 말이다. 도시에서는 짧은 거리를 가는데도 큰 비용이 든다. 돈으로 지불되는 비용이 크다는 단순한 의미를 넘어 교통체증으로 길에서 시간을 허비하는 것, 대중교통 혼잡에 따른 피로도 같은 것이 다 비용이다. 여기서 모든 도시문제가 파생한다. 주거 문제도 실은 교통의 영향이 크다. 당연한 얘기지만, 교통이 좋은 곳에 더 좋은 아파트가 들어선다.

게이티드 커뮤니티(Gated Community)라는 개념이 있다. 담장을 둘러싸 외부인의 출입을 막는 주거 단지를 말한다. 예전에는 생소했지만, 이제 우리나라의 새로 지은 아파트 단지도 모두 폐쇄적인 게이티드 커뮤니티 형태를 갖추고 있다. 출입이 엄격하게 통제된 으리으리한 아파트 단지를 보면서 마치 부르주아들만 사는 성인 것 같아 씁쓸한 기분이 들었다. 동남아의 대도시에 가면 이런 게이티드 커뮤니티를 쉽게 볼 수 있다. 방콕에는 콘도미니엄(콘도)이 가장 흔한 게이티드 커뮤니티다. 대개 경비원이 24시간 상주하며, 출입 카드가 없으면 로비에도 들어가지 못한다. 그래서 배달 음식을 시켜도 직접 건물 밖으로 나가 받아와야 한다. 콘도 중에서도 라이프(Life)나 리듬(Rhythm) 같은 브랜드 콘도가 더 인기가 많은데, 이런 콘도는 시내로 접근하기 편한 주요 길목과 대로변에 위치한다. 차를 타도 교통체증 때문에 시간이 배로 걸리는 방콕에서는, 접근성이야말로 엄청난 무기다.

한 달 살기가 유행하면서 방콕 고급 콘도의 월세가 몇십만 원밖에 하지 않는다는 이야기가 인터넷에 많이 돌았다. 우리에게는 그리 비싼 가격이 아닐지 몰라도, 서울과 태국의 소득 · 물가 차이를 고려하면 현지 서민들에게는 벅찬 주거비다. 그래서 이런 콘도에는 주로 외국인이나 잘나가는 방콕 젊은이들이 거주한다. 편리한 교통이 경쟁력인 방콕에서 교통 요충지의 땅값이 높아지면 서민들이 집을 살 가능성이 매우 낮아진다. 그들은 다시 외곽으로 외곽으로 밀려날 수밖에 없다. 방콕 안에서도 여행자가 갈 수 있는 곳이라야 지하철이 닿는 거리까지다. 방콕은 지하철이 닿지 않는 곳이 훨씬 많으며, 우리가 보지 못하는 사각지대에 사는 이들이 바로 그곳에 있다.

방콕의, 방콕에 의한, 방콕을 위한 도시재생

여행자의 낭만적인 시각을 걷어내면, 방콕은 살기에 썩 좋은 도시는 아니다. 하지만 방콕이 도시문제에 마냥 손 놓고 있는 것만은 아니다. 그 대표적인 활동으로 라따나꼬신 지역의 개발 제한이 있다.

신도시가 확장하자 이제는 원도심 라따나꼬신에 새로운 문제가 등장했다. 신도시에 집중하느라 구도심 환경은 낙후되어가는데, 여행객이 몰리면서 젠트리피케이션의 조짐이 보이기 시작한 것이다. 그러자 방콕은 과도한 개발 방지 및 원주민의 생활을 보호하기 위해 라따나꼬신의 문화재를 보호하는 정책을 내세웠다. 근방의 건물 높이를 20m로 제한한 것이 대표적인 예다. 덕분에 구도심에 가면 높은 빌딩이 없어서 왕궁이나 높은 탑을 어디서든 볼 수 있다.

80m 높이 인공산 위에 있는 왓 사켓(Wat Saket)에서 라따나꼬신을 바라본 풍경. 정면에 왕궁도 보인다

타 마하랏

또 이 지역 자체를 관광문화 보존구역으로 묶어 개발을 제한하고 있다. 이렇게 거대자본의 유입을 정부가 막고, 나머지 창의력을 발휘하는 일은 민간에 맡겼다. 그 결과가 오늘날 관광 명소로 거듭난 타 마하랏(Tha Maharaj)이다. 타 마하랏은 사람들이 찾지 않는 낡은 선착장이었다. 민간 조직이 땅 소유주와 머리를 맞댄 끝에 복합문화공간을 만들었고, 이제는 관광객뿐 아니라 방콕의 커플들도 많이 찾는 데이트 명소가 되었다. 나는 목적지 없이 거리를 걷다가 우연히 타 마하랏을 발견했다. 참 예쁜 곳이라 기억해두려고 지도를 봤는데, 지도에는 그냥 보트 선착장이라고만 표시되어 있어 어리둥절했던 기억이 있다. 마치 해리포터에 나오는 9와 3/4 승강장을 찾은 기분이었다.

더 잼 팩토리

하나 더 소개하고 싶은 곳은 '더 잼 팩토리(The Jam Factory)'다. 아이콘시암 백화점에서 도보 10분 거리에 있다. 폐공장을 재생해 만든 복합문화공간이다. 서점, 카페, 사무실이 어우러져 있는 것이 마치 성수동 방콕 버전에 온 것만 같다. 오늘날의 한국은 이런 복합공간이 많아져서인지 더 잼 팩토리의 내부는 사실 아주 특별할 건 없다. 그러나 이곳이 방콕에서 처음 시도된 '힙'한 스타일의 도시재생 공간이라는 데 마음이 간다. 더 잼 팩토리를 시작으로 낡았지만, 방콕만의 멋이 드러나는 공간이 더 많아지기를 바란다.

세계은행(World Bank)은 저소득 국가들이 '살 만한 도시(livable city)'를 만들기 위해서는 주택, 상수도, 위생, 교통 등 생활에 필요한 인프라에 집중해야 한다고 지적했다. 방콕은 세계 최고의 관광도시다. 방콕을 찾은 여행자들은 편안하게 여행을 즐기며 좋은 기억을 가지고 돌아간다. 그러니 이제는 방콕에 사는 사람들로 관심을 돌릴 때다. 황두진 건축가의 '무지개떡 건축' 개념을 좋아한다. 5층 이하의 건물을 만들고 저층에는 상가나 사무실 같은 상업 시설을, 고층에는 사람이 사는 집을 들이자는 것이다. 이렇게 일터와 삶터의 거리가 좁아지면 도시 공동체가 더 활력을 낼 것이다. 방콕의 매력은 바로 이 무지개떡 같은 다양성에 있다. 럭셔리한 쇼핑몰 앞에도 노점이 있고, 호텔 옆에도 길거리 식당이 있는 그런 매력 말이다. 방콕에는 대중교통이나 상수도 등 더 개발해야 할 부분이 여전히 많다. 이러한 개발에 있어 무지개떡 건축처럼 다양한 사람들이 한데 어우러지는 도시가 된다면, 그들의 창의력이 배가되어 도시문제도 슬기롭게 해결해내지 않을까? 더는 거대한 콘도와 고층 건물이 방콕에 사는 다양한 사람들을 갈라놓지 않았으면 한다.

코끼리의 슬픈 눈을 기억해야 하는 이유

태국에 머물면서 가장 후회한 것이 하나 있다. 바로 코끼리를 탄 일이다. 여행사를 통해 아유타야 투어를 떠났는데, 투어 중간에 코끼리를 타는 코스가 있었다. 아유타야는 우리로 치면 경주 같은 문화유적 도시다. 설마 코끼리 트래킹이 중간에 끼어있을 줄은 생각도 못 했다. 평소 동물 쇼 같은 것은 절대 보지 않겠다고 다짐했는데, 막상 상황이 닥치니 나도 모르게 관광객들에 휩쓸려 코끼리 등에 올라타고 있었다.

우리를 내려 준 최종 목적지에서는 간이 코끼리 쇼가 펼쳐졌다. 사육사의 지시에 맞춰 코끼리가 앉았다 일어나기를 하고, 관광객이 준 바나나를 받아먹기도 했다. 관광객과 사진을 찍으면서는 각자 다른 포즈를 취하기도 했다. 이 광경을 처음 눈앞에서 본 나는 충격을 받았다. 바로 앞에서 본 코끼리는 생각보다 훨씬 컸는데, 그 거대한 코끼리의 한쪽 발에는 쇠사슬이 걸려 있었다. 코끼리의 덩치에 비하면 엄청 얇은 쇠사슬이었고, 쇠사슬이 연결된 말뚝도 코끼리가 충분히 뽑아버릴 수 있을 것 같았다. 하지만 우화 속 이야기처럼 코끼리는 힘을 주지 않았고, 쇠사슬이 닿는 거리까지만 움직였다. 원래 코끼리의 눈이 슬프게 생긴 건가 하고 코끼리 사진을 검색해봤다. 아니다. 그날 본 코끼리의 눈은 분명 야생 코끼리의 눈과 달리 매우 슬퍼 보였다.

처음이자 마지막 코끼리 트래킹일 것이다

지금도 보면 마음 아픈 코끼리의 모습

신성한 동물 코끼리가 학대당하는 이유, 결국 돈

불교 국가인 태국에서 흰 코끼리는 신성한 동물이다. 석가모니의 어머니가 흰 코끼리 꿈을 꾸고 석가모니를 임신했기 때문이다. 지금도 흰 코끼리는 태국의 왕을 상징하는 동물이다. 실제로 태국 역사에서 왕은 코끼리를 타고 전쟁을 지휘하곤 했다. 이렇게 코끼리는 왕을 보호하며 전쟁을 승리로 이끈 용맹한 전사로 추앙받는다. 또 태국의 지도를 보면, 땅의 모양이 코끼리 머리를 닮아 태국인들은 코끼리를 태국의 대표 동물로 여긴다.

문제는 돈이다. 아무리 신성한 동물이라도 돈 앞에서는 돈벌이 수단으로 전락하고 만다. 처음 태국의 코끼리는 주로 벌목에 동원되었다. 아무리 덩치가 큰 코끼리라도 무거운 나무를 지고 산을 오르락내리락 하면 다치기 쉽다. 1989년에 벌목이 금지되자 코끼리는 관광객을 위한 트래킹과 쇼에 이용된다. 그 과정에서 코끼리를 컨트롤하겠다고 어릴 때부터 잔인하게 매질을 해 코끼리의 야생성을 제거하는 '파잔'이라는 의식을 치른다. 이렇게 학대를 당한 코끼리는 우화 속 이야기처럼 성체가 되어서도 자기 다리에 묶인 작은 쇠사슬과 말뚝을 뽑아내지 못한 채 주인에게 복종한다.

한국과 태국 동물보호법의 민낯

태국은 코끼리를 비롯해 동물을 보호하기 위한 법을 점진적으로 마련했다. 2010년에는 코끼리를 이용한 구걸이 금지되었다. 2014년에는 '동물학대 방지 및 복지법(ANIMAL ANTI-CRUELTY AND WELFARE ACT)'이 시행되었다. 이 법의 핵심은 동물을 학대할 경우 2년 미만의 징역이나 4만 바트(약 155만원)의 벌금형에 처한다는 것. 형벌을 내린다는 것은 동물을 단순히 재산이나 물건, 재물로 취급하지 않는다는 걸 뜻한다.

물론 태국의 동물 보호법에도 허점이 있고, 실효성이 떨어지는 부분도 있다. 코끼리를 이용한 구걸이 금지되었지만, 이 법이 코끼리 트래킹까지 커버하지는 못한다. 게다가 내가 아유타야에서 본 미니 코끼리 쇼처럼 관광지에서 암암리에 행해지는 소규모 동물 쇼는 여전하다. 최근 승려들과 호랑이가 함께 생활하는 것으로 유명한 태국의 호랑이 사원에서 호랑이를 학대하고, 새끼 호랑이로 술까지 담근 잔인한 사건이 드러났다. 그러나 애초에 그 규모의 사원에서 많은 수의 호랑이를 제대로 보살피지 못할 거라는 걸 정부 당국도 알았지만 눈감아줬을 것이라고 현지 언론은 추측하고 있다.

한국의 상황도 크게 다르지 않다. 얼마 전 한 유튜버가 생방송에서 자신의 반려견을 학대한 일이 있었다. 시청자들이 경찰에 신고했음에도 불구하고 그는 그래 봤자 벌금만 내고 말 것이라며 방송에서 자신만만해했다.

실제로 그는 벌금에 집행유예를 받았다. 이렇게 동물 학대 사건이 점점 늘어나고 있지만, 솜방망이 처벌이라는 게 문제다. 최근 3년 동안 동물보호법 위반으로 기소된 512건 중 실형을 선고받은 것은 단 4건에 불과하다.

도시에서 동물과 공생한다는 것

정말 아무 데나 널부러진 방콕의 개와 고양이

코끼리 학대 이야기 때문에 태국 사람들 모두가 동물 학대를 눈감아주는 것으로 오해하지 않기를 바란다. 태국과 한국 모두 동물보호법의 허점과 실효성의 문제를 공통으로 안고 있다. 나는 여기서 동물을 향한 태국 시민의 태도를 배워야 한다고 생각한다. 태국의 일반 시민들은 누구보다 동물과 공생하는 자세를 잘 보여준다. 방콕에는 떠돌이 개(얘들은 강아지라고 부르기엔 좀 크다)나 길고양이가 참 많은데, 길 아무 데나 누워 잠을 자는 개를 쉽게 볼 수 있다. 골목길 구석에는 음식이 담긴 작은 그릇이 곳곳에 있는 것도 볼 수 있다. 아마 동네 개나 고양이를 먹이기 위한 동네 사람들의 작은 배려로 보이는데, 그 때문에 떠돌이 개들이 사람에게 공격적이지 않은 것으로 추측된다.

한 동네에서 오래 머물다 보면, 그 동네를 구역으로 삼아 돌아다니는 개 몇 마리가 눈에 띈다. 가끔은 얘들이 편의점이나 작은 가게 앞에 누워 그 집 반려견 행세를 하기도 한다. 그렇게 사람이나 개나, 서로에게 크게 신경 쓰지는 않지만 조금씩 배려하는 모습을 보면서, 도시에서 사람과 동물이 공생한다는 것이 이런 모습 아닐까 하는 생각이 들었다.

물의 도시 방콕

한국에 한강이 있다면, 태국에는 차오프라야(Chao Phraya)강이 있다. 아니, 어쩌면 태국 사람들에게 차오프라야강은 우리의 한강보다 더 큰 의미일지도 모르겠다. 중국 윈난성(운남성) 지역에 살았던 타이족의 역사는 차오프라야강을 따라 방콕으로 내려오는 과정이었다. 강의 옛 지명은 메남차오프라야(Menam Chao Phraya)인데, 여기서 메(Me)는 어머니, 남(Nam)은 물이라는 뜻이다. 이름에서부터 알 수 있듯 차오프라야강은 태국의 곡창지대를 만든 영양분이자, 남북으로 길게 뻗은 국토를 이어주는 교통로였다.

방콕의 수로(水路)

흔히 물이 많고 수로가 발달한 도시를 '~의 베네치아'라고 부른다. 아니

차오프라야강과 그 위를 다니는 수상보트

나 다를까, 방콕은 옛날부터 강과 운하 교통이 발달해 아시아의 베네치아라는 별명을 얻었다. 지금은 신도시를 건설하면서 대부분 물길을 매립해 버렸지만, 그래도 여전히 물이 많다. 구글맵으로 방콕을 보면 도시 곳곳에 파란색 수로가 퍼져있는 것을 볼 수 있다. 서울 지도에서 큰 한강과 몇몇 주요 하천을 제외하면 이런 물길을 거의 찾을 수 없다. 강의 지류가 도시 전체에 뻗어있는 탓에 방콕의 지반은 매우 약하다. 그래서 지상의 고가 위를 달리는 열차인 BTS가 먼저 만들어졌고, 지하철인 MRT는 상당한 공사 기간을 거쳐 건설되었다. 처음 MRT가 개통했을 때 방콕 사람들은 지하로 다니는 열차를 매우 신기해했다고 한다.

교통이 발달한 지금은 강을 이용한 수송이 많이 줄었을 것이다. 그래도 여전히 강에서 물건을 실어나르는 장면을 심심치 않게 볼 수 있다. 한 번은 배 뒤로 거대한 뗏목 같은 것들을 줄줄이 엮고, 그 위에 물건들을 잔뜩 쌓아 운송하는 것을 봤다. 아직도 강에서 물건을 수송한다는 게 신기했다.

물자를 나르는 건 아주 가끔 있는 일이겠지만, 차오프라야강은 지금도 수많은 방콕 시민을 실어 나르는 주요 교통로다. 관광객들은 강 서쪽의 왓아룬이나 아이콘 시암, 혹은 아시아티크 같은 관광지에 가기 위해 수상 보트를 탈 것이다. 수상 보트를 타고 강을 거슬러 올라가면서 높은 빌딩과 호텔이 강 양편에 늘어진 모습. 나는 이게 가장 방콕다운 모습이라고 생각했다.

나에게 방콕 하면 가장 먼저 떠오르는 이미지도 강 유람선에서 바라본 방콕의 풍경이다. 이 풍경을 더 방콕답게 만드는 건 매일 강을 넘어 다니는 시민들이다. 방콕은 교통체증이 심하기로 유명하다. 게다가 외곽지역인 강 서쪽에서 동쪽으로 연결된 다리는 직접 세어보니 12개밖에 되지 않는다. 서울에 32개의 한강 다리(잠수교 포함)가 있는데, 방콕에는 그 절반도 없는 것이다. 그러니 교통체증을 피해 많은 시민이 배를 탄다. 출퇴근 시간에 수상 보트를 타면, 관광객과 직장인이 한데 뒤섞인 풍경을 볼 수 있다. 우리에게 한강 변이 자연과 힐링의 장소라면, 방콕 시민에게 강변은 생업전선이다.

방콕의 강물

방콕이 베네치아와 다른 점은, 베네치아는 바다 위에 떠 있는 섬들 사이로 바닷물 길이 나 있다. 반대로 방콕을 흐르는 것은 강물인데, 동남아의 강들은 대개 흙탕물이다. 이 강물이 지나오는 길은 대부분 드넓은 평야다. 강물이 흐르면서 평야의 비옥한 흙을 쓸어와 물이 흙탕물처럼 보이는 것이다. 겉으로 보기엔 탁하고 더러워 보일 수 있겠지만, 알고보면 바닥에 토사가 깔린 영양분이 많은 물이라고 할 수 있다.

사실적인 차오프라야강의 물색

다만, 이것도 옛말일 것이다. 방콕의 물을 직접 본 사람이라면, 방콕을 아시아의 베네치아라고 마냥 칭송할 수만은 없다. 솔직히 말해서 물이 너무 더럽다. 방콕은 수질오염이 심각해서 강이든 운하든, 사실상 방콕에서 보는 물은 똥물이나 마찬가지다. 현실은 낭만적이지 않다. 방콕의 강과 운하를 조금만 걸어봐도 알겠지만, 수질오염의 75%는 상업용, 가정용 폐수 때문이라고 한다. 차오프라야강은 한강과 다르게 둔치가 없는 스타일이다. 그러니까 차오프라야강은 강변 바로 옆에 건물이 들어서 있다. 둔치가 강과 도시 사이의 완충지대 역할을 하는데, 시민이 생활하는 곳과 강이 맞닿아 있다 보니 이곳의 폐수가 강으로 바로 흘러 들어가기 쉽다. 선착장에만 있어도 강 가장자리에 온갖 쓰레기와 기름이 둥둥 떠다니는 걸 볼 수 있다. 이 기름은 모두 경유를 사용해 강을 떠다니는 수많은 배에서 나온 것이다. 낭만적인 강 위의 유람선도 수질오염의 주범이다.

운 좋게 차지한 운하 보트의 맨 앞자리

튀는 물을 조심해야 한다

시내를 관통하는 쌘쌥(Saen Saep) 운하의 보트는 차오프라야강의 배보다 더 작다. 뒷자리에 앉으면 모터의 매연을 그대로 들이마시게 된다. 더운 날씨에 낡은 모터가 뿜어내는 경유 매연의 조합은 끔찍하다. 조금이라도 쾌적하게 가려면 앞자리에 앉는 것이 꿀팁이다. 무엇보다 수상 보트를 타고 내릴 때 혹여나 빠지지 않도록 조심해야 한다. 쌘쌥 운하 물에 빠지면 지구상에 존재하는 모든 질병에 걸린다는 말이 있을 정도로 물이 더러우니 말이다. 쌘쌥 운하 말고도 방콕 시내 곳곳에 작은 천(川)이 있다. 이걸 우리말로 뭐라고 불러야 할지 모를 정도로 정체불명의 물길이다. 지도로 보면 모두 강에서 뻗어 나온 물이 맞는 것 같은데, 실제로 보면 물이 흐르는 게 맞는지 의문스러울 정도로 건물 사이에 막혀있다. 한눈에 오수(汚水)라는 것을 알 수 있을 만큼 상태도 나쁘다. 수질 관리가 아예 되지 않고 있다는 뜻인데, 이게 다 주변 가정에서 버리는 쓰레기와 오수 때문이다.

곳곳에 있는 정체불명의
수로와 근방의 생활 쓰레기

방콕에서 바닷물 만나기

방콕에 대해 아무것도 몰랐을 때는 방콕이 부산 같은 항구 도시인 줄 알았다. 마음만 먹으면 지척에 있는 바다를 보러 갈 수 있는 그런 곳 말이다. 방콕이 물의 도시도 맞고 바다와 접한 것도 맞지만, 쉽게 바다를 볼 수 있는 곳은 아니다. 방콕 사람들이 바다를 보러 가장 많이 찾는 곳은 방센(Bangsaen)이다. 한국 사람들은 방콕에서 가장 가까운 해변 도시하면 파타야를 떠올릴 텐데, 방센비치가 방콕과 조금 더 가까우며 파타야 가는 길에 있다. 그래도 차오프라야강 하구에서 조금은 멀어져야 바다다운 바다를 볼 수 있다. 그렇지만 방센도, 파타야도 우리가 사진에서 보는 동남아의 초록빛

바다와는 거리가 멀다. 단순히 겉으로 보이는 바다색만 그런 게 아니다.

나는 파타야에서 스노클링을 했는데, 바닷물이 탁해서 물고기를 제대로 볼 수가 없을 정도였다. 현지 친구들은 내가 바다를 보러 파타야에 며칠씩 머무르겠다는 걸 이해하지 못했다. 마치 외국인들이 명동에만 있는 걸 안타깝게 보는 서울 사람의 심정과 같았나 보다. 그들은 파타야의 바다가 맑지 않다는 걸 이미 알고 있었다. 정말 맑고 깨끗한 바다를 보고 싶을 때 현지인들은 남부로 향한다. 푸껫(Phuket)과 끄라비(Krabi), 섬인 꼬사무이(Ko Samui)와 꼬창(Koh Chang)이 현지인들이 사랑하는 휴양지다.

겉과 속이 다른 파타야의 바닷물

방콕의 해산물

방콕도 부산과 같이 바다 옆에 위치한 대도시이다. 그래서 방콕에 가기 전에는 온갖 해산물 요리를 싼값에 먹을 수 있을 거라 막연하게 생각했다. 예상대로 로컬 동네 야시장 식당만 가도 생선을 비롯한 해산물 요리가 많다. 한 가지 함정은 민물고기가 많다는 것. 생선 요리를 주문할 때마다, 민물고기인지 바다 생선인지 물어보았는데 거의 반반이었다. 나는 민물고기 특유의 비린 맛에 예민해서 한국에서도 민물 생선은 절대 먹지 않는다. 다행히 항상 구이 요리를 시켜서 민물 생선의 비린 맛은 느끼지 못했지만, 찜찜하긴 했다. 재미있는 건 현지인 친구와 식당 직원의 반응이었다. 그들은 바다 생선인지 민물 생선인지 구분하는 내 질문이 의아한 듯했다. 심지어 요리를 설명해주는 친구들도 바다에서 온 것인지 강에서 온 것인지 잘 몰랐다. 강에서 나온 수산물이 풍부해 태국 사람들의 식문화에 자연스럽게 스며들어 굳이 구분할 필요를 못 느끼나 보다.

속이 잘 익도록 칼집을 내어 튀긴 바닷물고기 요리

내가 방콕에서 마음 놓고 먹을 수 있는 해산물은 새우였다. 새우는 민물에서 자랐는지 바닷물에서 자랐는지 구분하기가 조금 애매한데, 대부분 양식한 새우라고 한다. 그런데 주로 강 하구 연안에서 양식하기 때문에 바닷물과 민물 사이의 염도에서 자란 새우다. 아무튼, 먼 바다에서 잡아 온 새우는 거의 없다는 것이다. 그럼에도 새우는 항상 옳다는 말처럼, 바다 새우인지 민물 새우인지 상관없이 다 맛있다.

뷔페에서 만난 새우

방콕의 음료

십여 년 전 다녀온 아프리카 탄자니아에서는 코카콜라 로고가 인상 깊었다. 슈퍼나 마트에 가면 여기저기 코카콜라 로고 천지다. 그 정도로 콜라가 많이 팔린다는 뜻일 거다. 그리고 탄자니아에서는 차가운 콜라를 손님에게 내어주는 것이 가장 융숭한 대접이다. 손님의 눈앞에서 '쏴!' 하고 병을 따 주면서 말이다. 더운 나라일수록 달고 시원한 음료수를 사랑하는 것 같다.

음료 하면 태국도 빠질 수 없다. 나는 방콕에서 수박과 망고주스를 거의 매일 번갈아 가며 마셨다. 이제 한국 사람들도 '땡모반(แตงโมปั่น)' 하면 다 알아듣는데, '땡모'는 수박, '반'은 간다라는 뜻이다. 즉, 수박을 갈아 만든 수박 주스이다. 서울에 돌아와서도 땡모반을 잊지 못해 수박 주스를 찾아다녔지만, 그 맛이 아니다. 한국의 수박 주스가 수박맛 설탕물 같다면, 방콕의 땡모반은 수박을 통으로 갈아 넣은 순수한 수박 맛이다. 아이러니하게도 태국의 수박은 한국 것보다 당도가 낮다고 한다. 그러니 땡모반의 단맛은 사실 설탕시럽 맛이라는 것. 땡모반을 만들 때 눈앞에서 수박을 믹서에 통째로 갈아 넣는 모습을 볼 수 있다. 아마 수박이 갈리는 모습을 본 시각적 효과, 방콕의 더위, 이국적인 풍경이 어우러져 땡모반 맛이 보정되었을지 모른다.

방콕에서 입에 달고 살았던 땡모반

하지만 현지인들은 생각보다 땡모반을 좋아하지는 않는 것 같다. 마치 명동에서 외국인만 먹는다는 회오리 감자 같은 느낌이다. 관광지에 널리고 널린 게 땡모반이지만, 로컬 지역에 가면 땡모반 파는 곳을 찾기가 은근히 어렵다. 분명 어딘가에 팔기는 하지만 서울의 편의점처럼 어디에나 있지는 않다는 뜻이다.

대신 관광객도, 현지인도 모두 열광하는 음료는 밀크티다. 가끔 작은 카페 같은 곳에 현지인과 관광객 모두 줄지어 선 모습을 보곤 했다. 대체 무얼 사려는 건지 궁금했는데 알고 보니 밀크티가 유명한 집이었다. 식당도, 카페도, 현지인이 길게 줄 서는 곳이 '찐' 맛집 아니던가. 나의 첫 밀크티는 공차였다. 그런데 내 입에는 잘 맞지 않아 한국에서도 몇 번 마셔본 게 전부다. 방콕의 밀크티가 유명하다는 말을 들었을 때도 한 귀로 흘렸었다. 그러다 우연히 한 모금 마셔 본 방콕의 밀크티는 지금껏 한 번도 느껴보지 못한 맛이었다. 누가 더운 나라의 대표 음료 아니랄까 봐 미친 듯이 달지만, 그 강한 단맛 속에 씁쓰름한 차 맛이 살짝 녹아있는 게 매력이다. 중독성은 한국의 믹스커피 급이라고 평가하고 싶다.

꽂히면 하나만 먹는 나의 입맛 탓에, 밀크티는 번번이 땡모반에 밀려 그렇게 자주 마시지는 않았다. 그래도 일상에서 스트레스를 받아 당이 떨어질 때면 방콕의 밀크티가 생각난다. 그 다디단 한 모금이면 오늘의 스트레스가 싹 풀릴 것 같은데….

방콕은 물이 매력적인 도시다. 강물부터 바닷물, 해산물, 그리고 음료수까지 다양한 물이 있다. 안타깝게도 방콕의 물을 떠올릴 때마다 기분이 썩 개운하지는 않다. 방콕에서 가장 많이 보는 게 더러운 오수이기 때문이다. 나는 항상 건기 때 방콕에 있어서 비가 오는 걸 한 번도 보지 못했다. 듣기로는 우기가 되면 거의 매일 비가 내리고 배수가 되지 않아 도로는 물바다가 되기 일쑤라고 한다. 정부는 오래전부터 하수처리에 신경을 쓰고 있다는데, 아직도 수질오염이 이렇게 심각하면 곤란하다. 하수처리와 정화라는 기술적인 문제도 있지만, 부디 시민들이 방콕의 물이 얼마나 소중한지, 그 물이 방콕을 얼마나 아름답게 만드는지 알았으면 좋겠다. 몇 년 뒤 방콕을 다시 찾을 때는 조금이라도 맑아진 물의 도시 방콕을 만나고 싶다.

플라스틱이 금지된
도시에서 일어난 일

2020년부터 태국 편의점 비닐봉지 전면 금지!

정말로 편의점에서 비닐봉지를 주지 않는다. 비닐봉지를 사야 하냐고 물었더니 아예 없다고 한다. 올해부터 태국 편의점과 마트에서 비닐봉지 제공을 금지한다는 뉴스를 얼핏 보고 지나쳤는데, 사실이었다. 다행히 산 물건이 많지 않아 손으로 들고 갈 수 있었다. 그 뒤로 편의점이나 마트에 갈 때마다 에코백을 챙겼다. 비닐봉지의 나라에서 비닐봉지를 금지하다니, 불과 일 년 만에 태국이 천지개벽한 것 같다.

태국을 가 본 사람이라면 비닐봉지가 금지되었다는 사실이 믿기지 않을 거다. 물건 하나를 사도 겹겹의 비닐봉지가 따라오는 곳이니 말이다. 물론 여전히 시장이나 노점에서 물건을 사면 일회용품과 비닐봉지가 주렁주렁

달려온다. 비닐봉지 금지는 백화점이나 마트, 편의점 등에만 한정되기 때문이다. 그래도 이게 어디인가. 퇴근길 길거리 식당에서 저녁거리를 포장한 비닐봉지를 들고 집으로 향하는 사람들을 보며, 나는 태국 사람들은 죽어도 비닐봉지를 포기하지 않을 줄 알았다. 그런 곳에서 비닐봉지 금지는 절대 작지 않은 엄청난 변화다. 방콕에 머무는 동안 비닐봉지 때문에 양심의 가책을 느낄 일이 조금은 줄어서 다행이다.

노 플라스틱 투어(No Plastic Tour)

비닐봉지는 그렇다 쳐도, 방콕에 있으면 플라스틱 때문에 양심에 찔리는 일이 참 많다. 너무 많아서 시간이 지나면 무뎌질 정도다. 식당만 가도 일회용 숟가락과 포크에, 길에서 간식을 사 먹어도 각종 플라스틱 포장이 뒤따라온다. 카페에서는 무조건 일회용 컵에 플라스틱 빨대다. 이제 우리나라 카페에서 일회용 컵을 보기 힘들어서 그런지 더 어색하다. 이 쓰레기들은 분리수거도 되지 않은 채 쓰레기통에 한데 버려진다. 길거리에 나뒹구는 플라스틱 쓰레기, 쓰레기 수거함이라야 분리수거 없이 온갖 쓰레기가 담긴 모습을 보면 내가 버린 일회용 컵 하나가 이 쓰레기 카오스에 도움을 준 것 같아 마음이 쓰리다.

비닐 봉지에 겹겹이 쌓인 배달 음식(왼), 분리 수거 없이 이 쓰레기통에 모든 가정 쓰레기를 버리는 방법 밖에 없다(오)

그렇다고 해서 내가 방콕의 플라스틱 문제를 다 해결하겠다는 건 오버다. 왜, 환경보호를 실천하고 싶으면 본인이 진짜 할 수 있는 것 한 가지만이라도 하면 된다고 하지 않던가. 잠시 머물렀다 가는 여행자 주제에 수백 년 동안 썩지 않는 흔적을 남기면 안 되겠다는 생각이 들었다. 내가 할 수 있는 것, 그리고 자주 사용할만한 것을 생각해보니 에코백과 텀블러, 물통만 들고 다니면 충분할 것 같다.

노 플라스틱 투어 (No plastic tour) 미션

1. 에코백 챙겨 다니기
2. 물통에 물 담아 다니기
3. 텀블러 가지고 다니기
4. 플라스틱 빨대 사용하지 않기
5. 배달음식 주문 시 일회용품 숟가락, 포크 거절하기

음식의 일회용 용기나 물건 자체의 포장까지는 어쩔 수 없지만, 가방에 담으면 비닐봉지라도 줄일 수 있다. 음식은 흐를 수 있으니 손으로 드는 에코백이 낫다. 더운 나라다 보니 물을 자주 마시게 되는데, 어딜 가든 페트병 생수를 사야 한다. 물통에 물을 채워 다니면 새 생수를 살 필요도 없다. 여행자들은 예쁜 카페를 찾아다니는 게 낙인데 음료를 텀블러에만 마셔도, 플라스틱 빨대를 사용하지만 않아도 노 플라스틱 투어(No plastic tour)로 충분하다. 길거리 식당에서 일회용품 식기류가 참 난감하다. 그렇다고 숟가락, 젓가락을 들고 다닐 수는 없으니 말이다.

네모 칸이 일회용 포크 등을 거절하는 메뉴다

나는 배달음식을 주문할 때 일회용 숟가락, 포크를 거절하는 것으로 타협했다. 방콕에서 배달음식은 주로 푸드판다(Foodpanda)에서 시켰는데, 영어로 메뉴가 잘 나와 있고 앱으로 모든 게 이뤄져 식당과 통화할 필요가 없어 좋다. 주문하기 전 일회용 숟가락과 포크를 주지 말라고 앱에서 요청할 수 있다. 일인분을 시켜도 두세 명 분의 숟가락, 포크를 주는 태국 배달 문화를 생각하면 이 기능만으로도 플라스틱 사용을 상당히 줄일 수 있을 것이다.

동네 플라스틱 재활용 공방, 현실이 될 수 있을까?

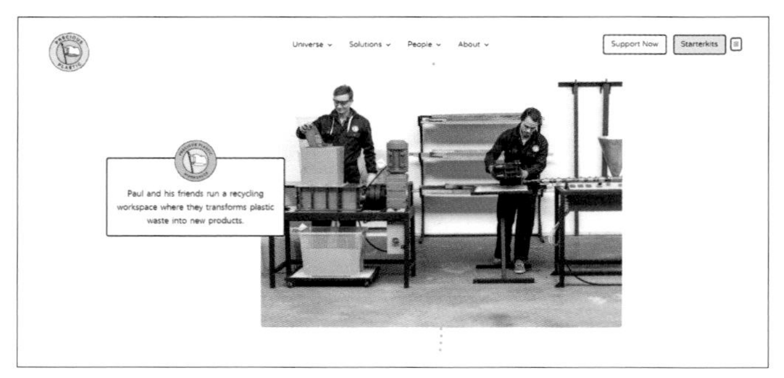

Precious Plastic 홈페이지

플라스틱은 특정 나라가 아닌 전 지구적 문제다. 당장 플라스틱을 쓰지 않는 건 현실적으로 어려운 일이고, 최대한 줄이는 게 가능한 답이겠다. 또 다른 방법으로는 재활용이 있다. 최근 네덜란드에서 시작된 'Precious Plastic'이라는 흥미로운 프로젝트를 알게 됐다. (상대적으로) 소형 플라스틱 분쇄, 사출 기계를 제작하고 이것으로 플라스틱 쓰레기를 재활용한 상품을 만든다. 기계부터 상품을 만드는 방법까지 모두 오픈소스로 공개한다. 요즘 로컬문화가 뜨고 있어 동네마다 각종 공방이 많이 들어섰다. 나는 이런 공방들 사이에 플라스틱 재활용 공방이 생기면 좋겠다는 생각이 들었다.

분리수거를 할 때마다 어쩔 수 없이 사용해버린 플라스틱에 죄책감을 느끼고, 더 줄일 방법이 떠오르지 않는 데 좌절한다. 이 쓰레기를 재활용해 필요한 물건을 만들 수 있다면, 그걸 내 동네에서 손쉽게 할 수 있다면, 플라스틱을 '정말' 줄여나갈 수 있지 않을까.

방콕의 미세먼지를 마시며 깨달은 것

자전거로 여행하는 방콕의 허파, 방카차오(Bang Kachao)

사람마다 취향이 다른 만큼 좋아하는 여행지도 제각각이다. 방콕에서 가장 좋았던 곳이 어디냐고 묻는다면 나는 국립 박물관과 방카차오(Bang Kachao)를 꼽겠다. 박물관은 역사에 관심이 있는지에 따라 호불호가 갈리겠지만, 방카차오에서는 방콕 도심과 전혀 다른 모습을 볼 수 있어 강추한다. 방카차오는 강 위에 떠 있는 섬이면서 숲이기도 하다. 섬으로 건너가려면 Khlong Toei Pier에서 배를 타야 하는데, 시내에서 선착장까지 마땅한 교통수단이 없어 택시를 타는 게 낫다. 한 줄로 조심히 앉아가야 하는 나룻배를 타고 섬에 도착하면 선착장 바로 앞에 자전거 대여점이 있다. 60바트면 자전거를 하루 빌릴 수 있는데 자전거 여행을 온 관광객들이 꽤 많다.

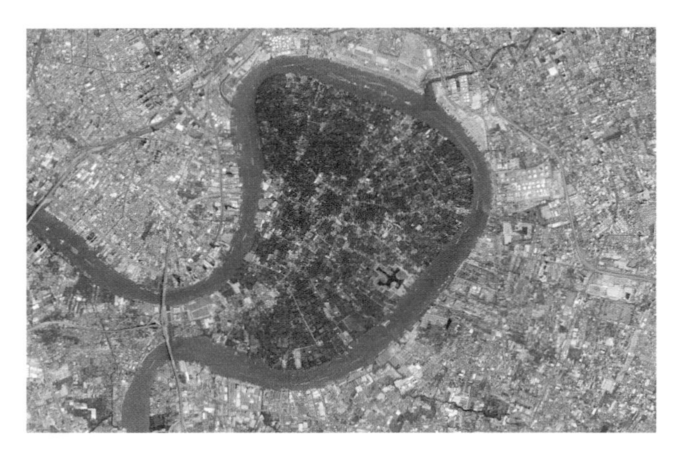

방카차오 위성사진 (출처: Wikipedia)

방콕 시내에서 차로 고작 20~30분 떨어진 거리에 이런 밀림이 있다는 게 놀랍다. 위성 지도를 보면 섬이 모두 초록색으로 나타나는데 이게 다 숲이다. 방카차오는 방콕의 허파라 불리며 녹지 보존을 위해 개발이 제한된 곳이다. 우리로 치면 그린벨트 같은 곳. 자전거로 먼저 향하면 좋을 곳은 스리나콘쿠앤칸 공원(Sri Nakhon Khuean Khan Park)이다. 방콕 시내의 공원이 머리가 듬성듬성한 탈모 느낌이라면, 방카차오의 공원은 머리숱이 빽빽한 헤어 부자 같다. 그만큼 나무가 참 많다. 공원의 호수에서는 악어처럼 생긴 왕도마뱀도 흔하게 볼 수 있다. 생긴 건 그래도 성격이 온순하다고 하니 무서워할 필요는 없다.

공원 전망대에서 본 숲

흔한 샛길의 모습

하지만 방카차오의 진짜 매력은 동네 구석구석에서 나온다. 방콕 시내에서는 볼 수 없는 전형적인 태국 시골의 모습을 간직하고 있다. 큰길을 벗어나 샛길로 빠지면 정글의 법칙에서 볼 법한 밀림이 나타난다. 여행사에서 방카차오 투어를 정글 투어라고 소개 하는 게 다 이유 있는 표현이다. 우연히 들어간 정글 사이로 시골집이 모여 있는 작은 마을을 발견했다. 길도 좁아서 자전거를 끌고 천천히 걸으며 동네를 둘러볼 수밖에 없었는데, 나는 지금껏 이런 날것의 로컬 투어를 해본 적이 없는 것 같다.

최악의 방콕 공기, 가장 큰 원인은 자동차 매연

아이러니하게도 방콕에서 맑은 공기를 마실 수 있는 유일한 장소는 방카차오밖에 없다. 처음 방콕에 도착했을 때는 몇 주간 기침을 달고 살았다. 한국에서도 미세먼지를 크게 신경 쓰지 않아 마스크를 쓰지 않았던 나다. 기침의 원인이 방콕의 미친 매연 때문이라는 사실을 깨닫고는 바로 마스크를 샀다. 그제야 모두 마스크를 쓴 채 길을 걷는 방콕 사람들의 모습이 보였다. 방콕의 매연은 압도적인 수의 차에서 나온다. 대중교통이 발달하지 않은 탓에 사람들은 무리해서라도 자가용을 산다. 차가 있어야 출근이라도 할 수 있는 거다. 더 큰 문제는 단순히 차의 수가 많은 것만이 아니라 오래된 차, 경유차가 많다는 것이다. 차의 가격이 한국보다 비싸서 우리가 부동산 대출을 받듯이 장기 대출이나 할부로 자동차를 산다고 한다. 최대한 차를 오래 타다 보니 노후차량이 많고, 또 장사 하는 상인들이 많은데 이들은 주로 힘이 좋은 경유차를 선호한다.

오토바이가 가득한 태국 거리 사진만 봐도 기침이 콜록거린다

미세먼지는 자동차 매연에서 나온다?

재작년부터 작년까지 우리나라 최고의 이슈는 미세먼지였다. 인사말로 하는 날씨 얘기에 미세먼지가 추가될 정도니. 미세먼지가 중국에서 오는 것인지는 과학적으로 확실히 밝혀지지 않아 여전히 논란이다. 과학적 분석은 과학자에게 맡겨둔다고 하더라도 우리가 주목해야 할 객관적 사실이 몇 가지 있다. 미국 나사(NASA)와 함께 한 '한미 대기질 합동 연구'에 따르면, 중국발 미세먼지 기여율은 34%, 국내 기여율은 52%로 조사되었다. 특

방카차오에서 빌린 자전거(왼). 이런 쪽배를 타고 강을 건너야 한다(오)

히 이 연구는 경유차에서 주로 배출되는 오염물질이 더 심각하다고 지적했다. 수도권 미세먼지 농도가 높아지기 시작한 2013년부터 경유차의 수가 계속 증가하고 있다. 2019년 3월에 경유차 수가 1,000만대를 돌파했고, 그중 40%가 수도권에 등록되어 있다. 우연이라고 하기엔 시기가 너무 잘 맞아떨어진다.

나는 지금 당신의 차에서 나온 매연을 들이마신다

좋다. 백번 양보해서 그래도 중국발 미세먼지가 상당수라고 치자. 하지만 방콕에 있는 동안 매연을 한껏 들이마시며 깨달은 것은, 내가 지금 마시는 미세먼지는 지금 바로 내 옆을 지나간 차에서 나왔다는 것이다. 서울 공기가 나쁘다는 말은 사실 어제오늘 일이 아니다. 어릴 적 지방에 살던 사촌 누나는 서울에 올 때마다 감기에 걸렸다. 매연 탓에 공기의 맛이 다르다는 게 확연히 느껴진단다. 시골에서 할머니 할아버지가 올라오실 때도 서울은 공기가 왜 이렇게 안 좋냐는 말씀을 항상 하셨던 기억이 남아있다. 십수 년 전의 누나도, 할머니 할아버지도, 그리고 오늘의 나도 내 옆을 지나가는 차의 매연을 맡는 건 변함이 없다. 지금의 서울을 들어다 그대로 청정지역 뉴질랜드 한복판에 가져다 놓는다고 해도 나는 여전히 자동차의 매연을 들이마시며 걸을 것이다.

방콕의 공기는 체감상 서울보다 더 나쁘지만, 그래도 방카차오 같은 곳이 남아 있다는 게 반가웠다. 도심 바로 맞은 편에 있는 청정지역을 보니 내 고향이 떠오르기도 했다. 학창 시절을 송파구 문정동에서 보냈다. 라떼는 말이야를 시전 하자면, 지금 화려한 신도시가 되어버린 법조타운이 옛날엔 논밭이었다. 유난히 비닐하우스가 많았던 걸 보니 하우스 농사로 유명한 곳이었나 보다. 그렇게 남아 있던 그린벨트는 부동산 개발 논리에 의해 조금씩 해제되고 있다. 새로 들어선 삐까번쩍한 신도시 사이를 수많은 자동차가 매연을 뿜으며 달리고 있다. 우리는 진심으로 맑은 공기를 원하는 것일까? 저 아파트와 저 차를 살 수만 있다면, 매연 따위, 미세먼지 따위 마셔도 상관없다고 생각하는 건 아닐까?

Seize a Moment in Bangkok

Epilogue

언제나 방콕

2020년 2월, 세상이 뒤집어지기 시작했다. 전염병은 국경을 넘어 급속도로 퍼졌다. 다행히 바이러스의 여파가 아직 방콕에는 미치지 않았다. 원래 매연과 미세먼지 때문에 마스크를 쓰는 사람들이 많았다. 나도 방콕에 도착한 첫날부터 독한 매연에 기침을 달고 살았다. 그래서 마스크 쓴 사람을 보는 것도, 내가 마스크를 쓰는 것도 어색하지는 않았다.

그러나 상황이 심각해지자 순순히 서울에 돌아가기로 했다. 공항에는 비닐장갑을 낀 사람에 안면보호캡까지 가져온 사람들이 있었다. 괜한 두려움에 사람들과 떨어진 외딴곳에 앉아 비행기를 기다렸다. 대기장에서도, 비행기 안에서도 거의 움직이지 않은 채 숨죽이며 한국에 도착했다. 그때는 그게 방콕에서의 마지막 기억이 되리라고는 짐작하지 못했다.

아니, 어쩌면 그게 마지막이라는 걸 직감했는지도 모른다. 귀국 전날 밤, 멜랑꼴리한 기분을 주체할 수 없어 아무 말이나 노트에 끄적거렸다. 돌아가야 한다는 아쉬움과 방콕에서의 시간을 제대로 보내지 못 했다는 후회로 가득했다. 시간은 꼭 넘쳐흐를 때는 지겨운 짐이면서, 부족할 때면 그 무엇으로도 살 수 없이 귀하게 되어버린다. 하늘길이 막혀버린 지금에서야 방콕에서 무심코 흘려보낸 시간이 더욱 소중하다. 인간은 유한(有限)한 것을 사랑한다는 말을 그제야 깨달았다. 할 일 없이 방콕의 골목을 어슬렁거리며 걸었던 평범한 날들이, 다시는 돌아오지 않을 내 인생 최고의 찬란한 장면으로 남을 것이다. 다시 방콕에 갈 기회가 주어진다면, 감사하는 마음으로 주어진 시간을 다해 방콕을 감상하겠다고 다짐해본다.

나는 방콕에 큰 빚을 졌다. 무심코 찾은 이 도시는 나에게 많은 것을 선물했다. 방콕 공항에 도착하자마자 생의 의지가 불타기 시작했으며, 뜨거운 햇빛은 얼어붙은 나의 기분을 녹여주었다. 이방인으로서 남의 눈치 볼 필요가 없는 자유로운 삶을 살게 해주었고, 방콕 사람들은 그런 이방인도 친절하게 맞아주었다. 다양한 형태로 사는 사람들을 보며 남들과 조금은 다르게 살아도 괜찮다는 위안을 얻었다. 그들처럼 세상을 떠돌며 사는 노마드의 꿈을 키우기 시작했다.

이제 방콕은 나에게 치트키 같은 곳이다. 사람들을 인터뷰하면서 서울에서 당신이 가장 좋아하는 나만의 비밀장소가 있는지 물은 적이 있다. 내가 질문하면서도 나에게 그런 장소는 서울에 없다고 생각했는데, 그런 치트키 같은 도시가 나에게는 방콕이다. 공항에 도착하면 느낄 수 있는 태국 특유의 냄새가 좋고 땀을 줄줄 흐르게 하는 뜨거운 태양도 좋다. 온갖 외국인들이 뒤섞인 다양한 방콕 거리의 모습에 편안함을 느낀다. 다시 방콕에 간다고 해서 정작 바뀌는 건 없겠지만, 다녀오면 왠지 모든 문제가 해결될 것 같은 근거 없는 기대감이 든다. 그것만 생각해도 마음이 안정된다. 방콕은 나에게 유일한 믿을 구석이다. 곧 방콕에 다녀오면 다 괜찮아질 거라 믿으며 오늘도 하루를 버텨낸다.

사색하며 들여다 본 방콕 이모저모
방콕에서 잠시 멈춤

초판인쇄 2021년 5월 7일
초판발행 2021년 5월 7일

지은이 구희상
펴낸이 채종준
기획 편집 유 나
디자인 서혜선
마케팅 문선영 전예리

펴낸곳 한국학술정보(주)
주소 경기도 파주시 회동길 230(문발동)
전화 031 908 3181(대표)
팩스 031 908 3189
홈페이지 http://ebook.kstudy.com
E-mail 출판사업부 publish@kstudy.com
등록 제일산-115호(2000. 6. 19)

ISBN 979-11-6603-430-5 03980

책에 대한 더 나은 생각, 끊임없는 고민, 독자를 생각하는 마음으로 보다 좋은 책을 만들어갑니다.